노화
공부

텔로미어부터 노화 세포, 호르몬, 활성산소,
미토콘드리아까지
우리 몸을 나이 들게 하는 것들

이덕철 지음

노화공부

위즈덤하우스

아파서 늙을까? 늙어서 아플까?

오래도록 건강하게 살다가 고통 없이 마지막 순간을 맞이하는 삶. 이는 아마도 모든 사람이 꿈꾸는 바람일 것이다. '99세까지 팔팔하게 살다가 2~3일 만에 세상을 떠나자'는 의미로 외치는 건배사 '9988234'에도 이러한 바람이 고스란히 담겨 있다. 하지만 우리나라 평균 기대수명은 2020년 기준 83.5세로 세계 최고령 국가의 문턱에 다다랐으면서도 건강수명(유병 기간을 제외한 기대수명)은 66.3세로 큰 차이를 보인다.[1] 생애 마지막 15~20년은 질병과 함께 살아가야 한다는 말이다. 또한 나이가 들수록 단순한 일상생활의 수행 능력이 떨어져 85세에 이르면 약 23퍼센트의 노인이 다른 사람의 도움을 받고 지내야 한다.[2]

그러면 건배사에 담긴 우리의 바람이 막연한 구호에서 벗어나 현실이 될 수 있는 방법은 없을까? 100세 이상 천수를 누리는 백세인들에게서 그 해답에 대한 힌트를 얻을 수 있다. 백세인들은 생애의 90~95퍼센트 기간을 건강하게 살아간다. 그러다가 마지막 짧은 기간 동안에 매년 30~50퍼센트의 사망률로 생을 마감한다. 건강한 삶을 누리다가 홀연 죽음을 맞이하는 것이다. 그 이유는 무엇일까? 그것은 노년의 건강을 위협하는 만성질환들의 근본 원인이 신체 노화이고, 백세인들은 평소 노화를 늦추는 생활 습관과 함께 유전적으로 항노화 특성을 갖고 있기 때문이다.

우리는 두 가지 나이를 갖고 있다. 하나는 달력상의 실제 나이고, 또 다른 하나는 몸의 나이, 즉 신체 나이다. 어린 시절에는 신체 나이가 실제 나이와 비슷하지만 나이가 들수록 두 나이 사이의 상관성이 현저히 떨어지면서 개인차가 커진다. 그래서 노인은 실제 나이와 신체 나이가 큰 차이를 보일 수 있다. 이 때문에 어떤 사람은 동년배보다 훨씬 젊어 보이고 체력과 활력이 젊은이에 못지않지만, 또 어떤 이들은 이와 반대로 신체 기능이 떨어지고 각종 질병에 시달린다. 백세인은 신체 나이가 젊은 사람이라고 볼 수 있다.

이와 같이 건강수명을 결정하는 근본 원인은 질병이 아니라 신체 노화다. 의학적으로 노화는 우리 몸을 구성하는 세포에서 시작한다. 세포가 노화되면서 기관과 장기의 기능이 저하되고 이 때문에 신체의 생리적·환경적 자극에 적절히 대응하지 못하여 질병에 대한 감수성이 높아지는 것이다. 실제로 한 데이터를 보면 25~44세 성인과 비교할 때 65세 이상 주요 질환의 원인별 사망률은 심장질환이 92배, 암이 43배, 뇌졸중이 100배, 만성폐질환이 100배, 폐렴 및 인플루엔자가 89배 증가한다.[3] 이러한 치명적인 질병은 어느 날 갑자기 불청객으로 우리를 찾아오는 것이 결코 아니다. 신체가 노화되면서 보내는 여러 가지 신호와 함께 노화 세포의 출현과 유전적 변이가 오랜 시간 쌓여 나타나는 것이다. 또한 대부분의 만성질환은 독립적이고 별개의 사건으로 발생하는 것이 아니고 노화라는 공통된 뿌리를 갖고 있기 때문에 여러 가지의 질병이 동시에 나타나는 경우가 많다. 실제로 약 50퍼센트의 노인이 두 가지 이상의 만성질환을 갖고 있다.[4]

이렇듯 건강과 생명을 위협하는 질병들, 즉 심혈관질환, 뇌졸중, 고혈압, 제2형당뇨병, 암, 치매, 파킨슨병, 백내장, 골관절염 등은 나이가 듦에 따라 더 많이 발생하고 이로 인한 사망도 급격히 증가하기 때문에 이들을 노화 관련 질환이라고 부른다. 신체 노화가 이들 질병의 근본적인 원인이라는 말이다. 일부 인구학자들은 암, 심혈관질환, 당뇨병을 모두 제거한다 해도 우리의 평균수명 증가는 10년을 넘지 못하며,[5, 6] 심혈관질환 발생 위험을 평가하기 위해 사용하는 프래밍험 위험 인자 11개 모두를 평생 30세의 젊은 나이 수준으로 유지할 때 남녀의 평균수명은 각각 99.9세와 97.0세로 계산된다고 주장한다.[7] 다시 말해 질병이 없다고 해서 장수가 저절로 찾아오는 것이 아니다.

따라서 건강한 노년을 맞이하려면 각 질병을 조기 발견하고 치료하려는 노력 이상으로 노화를 늦추고 치료해야 한다. 신체 노화를 늦출 수 있다면 돌 하나로 여러 마리의 새를 잡을 수 있는 것과 같이 대부분의 질병 발생을 늦추고 합병증을 예방할 수 있다. 건강수명을 연장하는 핵심은 질병의 치료가 아니라 노화의 시계를 늦추는 것이다. 이를 위해서는 우선 신체 노화를 일으키는 기전을 정확히 알고 이해할 필요가 있다. 반갑게도 최근 노화 과학이 급속히 발전하여 노화 방지와 질병 예방 분야에 새로운 지평이 열리고 있다.

노화 과학 분야에서 세포가 노화될 때 나타나는 변화와 기전이 비교적 소상히 밝혀지고 있으며, 이에 따라 세포의 노화를 억제하거나 젊음으로 되돌리기 위한 연구가 한창 진행 중이다. 일부 연구에서는 초기 단계의 성과를 얻고 있다. 이전에는 노화가 죽음과 관련된 관념적이고 철학적인 탐구 대상이었다면 이제는 원인과 결과가 분명한 과학적 시각으로 신체 노화를 바라보는 시대가 열리고 있는 것이다. 이 때문에 일부 의학자들은 노화를 치료가 가능한 하나의 질병으로 간주해야 한다고 주장하기도 한다.

이 책은 최신 노화 과학에 바탕을 두어 우리가 건강한 노화를 이루기 위해 알아야 할 노화 지식과 실천 방향을 안내할 것이다. 우선 노화의 실체를 보다 정확히 이해하려면 진화의 관점에서 종 자체를 바라보는 거시적 시각과 더불어 미시적 관점에서 세포 내에서 노화와 관련된 여러 분자생물학적 체계의 변화를 함께 이해할 필요가 있다. 1부에서는 노화가 보내는 생물학적 신호와 함께 노화 과정을 진화론적 관점에서 이해하고, 궁극적으로 출현하는 노화 세포의 생리·특성과 함께 면역노쇠와 염증노화에 대해 살펴본다. 2부에서는 신체 노화와 관련된 보다 직접적인 원인으로서 세포의 헤이플릭 현상과 텔로미어telomere, 그리고 노화 방지 호르몬들의 허와 실을 관련된 연구들과 함께 개괄한다. 또한 지난 수십 년 동안 의학자들은 물론 일반인에게도 수없이 회자되었던 활성산소와 미토콘드리아 이론에 관한 연구, 그리고 이 주제를 둘러싼 논란의 쟁점도 함께 짚어본다. 이러한 지식들을 활용하면 성공적 노화를 위해 우리가 무엇을 어떻게 실천해야 할지 핵심적인 실행 방향과 목표가 보다 뚜렷해진다. 이를 바탕으로 3부에서는 젊음을 가능한 오랫동안 유지하고 질병 발생을 억제하기 위해 우리 스스로는 무엇을 할 수 있을지 생활 지침을 제시한다.

노화의 근본 원인과 기전을 알고 이해하는 것은 노년의 건강과 행복을 위해 필수적이다. 특히 전 세계적으로 유례를 찾아볼 수 없을 정도로 급속히 초고령사회로 이행하고 있는 우리나라에서 노년의 건강과 질병 예방은 급격한 의료비 상승으로 인한 사회적 부담을 줄이는 최선의 방법이 된다. 신체 노화를 늦추고 수를 다하는 날까지 질병의 고통 없이 건강히 지내기 위한 노력은 개인과 국가 그리고 의학자들이 힘을 합쳐 이루어야 하는 당면 과제라 할 수 있다.

차례

2부 우리는 왜 늙는가
노화의 원인과 비밀

3부   **최대한 천천히 늙고
오래오래 건강하게 살고 싶다면**
불변의 노화 방지책

1부

우리는 어떻게
늙어가는가

노화의 원리와 진행

1장

노화가 보내는
생물학적 신호들

우리는 왜 늙는 것일까? 인류 역사상 이 질문에 대한 수많은
답은 삶과 죽음, 영원과 찰나를 다루는 철학과 종교의 영역에
서 다루어져왔다. 하지만 최근 들어 생물학적 노화 과정이 상
세히 밝혀지면서 이 질문에 대한 답을 생명과학의 영역에서
다룰 수 있게 되었다. 노화는 분명 지금도 한 가지 이론만으로
설명될 수 없는 미스터리이나 수많은 의학자들의 땀 흘린 노
력과 연구 덕분에 노화의 과정, 즉 노화는 왜 그리고 어떻게 일
어나는지 상세히 이해하게 되었다.

의학적으로 노화란 시간의 흐름에 따라 우리가 겪게 되는 육체적, 정신적, 사회적 변화를 포괄하는 개념이다. 그러나 협의의 노화는 주로 생물학적 노화를 의미하며 세포의 손상과 기능의 저하에서 오는 신체적 변화를 의미한다. 즉 나이가 듦에 따라 우리 몸을 구성하고 있는 세포와 조직의 손상이 축적되고 이로 말미암아 점진적으로 신체 기능이 저하되는 것이 노화다. 이 때문에 의학자들은 신체 노화를 하나의 질병으로 간주해야 한다고 주장한다.

만일 우리가 몸과 세포에서 보내는 신호를 알아차리고, 이로 인한 세포의 손상을 억제할 수 있다면 우리는 신체 노화의 속도를 늦추고, 만성질환의 고통 없이 건강하고 활력이 넘치는 삶을 이어갈 수 있을 것이다. 이는 치명적인 합병증을 예방하기 위해 증상이 전혀 없을 때 혈압과 혈당을 측정하고 이를 정상 범위로 낮추는 치료를 받는 것과 마찬가지다. 따라서 우리는 몸이 보내는 노화의 신호를 예리하게 분별하고 관찰할 필요가 있다.

신체 노화의 정도는 신체가 보내는 노화의 신호라 할 수 있는 생체 표지자biological marker를 단독 또는 여러 개 조합하여 예측해볼 수 있다. 때로는 다른 사람들과 비교하여 상대적인 수치로 계산되기도 한다. 이를 생체나이라고 부른다. 즉 생체나이는 건강나이라고 볼 수 있으며, 평소 식생활 습관이나 운동,

스트레스 등의 환경적 요인과 함께 유전적 소인에 따라 실제 나이와 많은 차이를 보일 수도 있다. 따라서 실제 나이보다 생체나이를 젊게 유지하고자 하는 노력이 노화라는 질병을 예방하고 활력과 건강이 함께하는 삶을 누리는 데 매우 중요하다.

몸이 보내는 노화의 신호

대개 사람들은 50대에 들어서면서 자신의 신체적, 정서적 기능이 현격히 떨어지고 있음을 감지한다. 과거와 달리 건강에 자신감이 없어지고 체력이 떨어지며 피곤하고 또한 체형도 바뀌어 배가 나오고 근육이 줄어든다. 뿐만 아니라 이 시기부터 콜레스테롤과 혈압, 혈당 등의 수치가 점차 높아진다. 노화의 신호가 신체에 나타나기 시작하는 것이다.

노화에 따른 신체 변화 중에서 가장 중요한 것은 체중과 체구성의 변화다. 체중은 남자의 경우 대개 50대 중반까지 증가하다가 60~70대에 이르면 감소한다. 여자의 경우 60대까지 증가한 후 남자보다 느린 속도로 감소한다. 하지만 체지방이 차지하는 비율은 나이가 들면서 점차 높아져 65~70세에 정점에 이르고 이후에 감소한다.[1] 특히 지방의 분포가 달라져 내장 장기의 지방이 축적되는데 이러한 현상은 여러 가지 노화 관련 질환들, 즉 당뇨병, 고혈압, 동맥경화 등 순환기계 질환, 기타 대사성 질환들에 부정적인 영향을 준다. 반면 지방을 제외한 체중, 즉 제지방은 감소하는데 주로 상지와 하지의 근육 감소에 의해 나타난다. 즉 나이가 듦에 따라 근육이 빠지면서 지방이 늘어나는 것이다. 이러한 체형 변화는 에너지대사의 효율성이 떨어지고 신체 활동량이 부족해지면서 나타나는 신체 노화의 보편적 현상이지만, 또다시 노화를 증폭하는 원인으로 작용하며 신체의 노쇠를 촉진한다. 말하자면 살이 찌고 배가 나오는 체형의 변화는 신체가 우리에게 보내는 강력한 노화의 경고 신호다. 실제로 노년의 체지방 증가, 특히 허리둘레로 측정한 내장비만은 근육량 감소와 함께 노쇠의 중요한 위험 인자가 된다.[2]

그 외 신체 노화에 의해 가장 민감하게 변하는 조직은 폐와 신장이다. 공기주머니와 같이 고도의 탄성을 유지해야 하는 폐의 경우 노화 과정에서 폐조직의 탄성이 떨어져 폐활량이 저하된다. 특히 1초 안에 최대한 힘껏 내뱉는 날숨인 1초강제호기량이 가장 빨리 떨어진다. 노인이 숨이 차고 폐기능이 떨어지며 감염성 질환의 위험이 높아지는 이유다. 또한 신장의 경우 모세혈관이 많이 모여 있는 사구체여과율이 감소한다. 따라서 흔히 대사 관련 지표와 함께 1초강제호기량과 사구체여과율이 중요한 생체 표지자로 활용된다. 모두 폐기능검사와 혈액검사로 쉽게 측정할 수 있는 지표들이다.

세포가 보내는 노화의 신호

노화는 세포에서 시작된다. 엄밀한 의미로 말하면 노화는 우리가 늙음을 현상적으로 느끼기 훨씬 전부터 이미 세포에서 시작되고 있다. 그렇다면 세포의 무엇이 어떻게 달라지는 것일까? 우리가 이것을 알면 세포의 노화를 막을 방법을 찾을 수 있고, 궁극적으로 신체 노화의 시계를 늦출 수도 있을 것이다.

노화에 관한 연구가 활발히 이루어지면서 세포 내 소기관들의 역할과 분자생물학적 신호체계가 상세히 밝혀졌다. 이에 따라 최근에는 미국 국립건강연구소 산하 노화연구소가 중심이 되어 노화 과정에서 나타나는 세포 내 소기관의 기능 저하와 분자생물학적 경로의 변화를 정리해 발표하기도 했다. 이를 세포가 보내는 노화의 신호라고 일컫는데, 노화 관련 연구나 치료에 매우 중요한 시금석이 된다. 그 이유는 향후 언급되는 모든 건강 증진 및 노화 방지 방법들의 효과를 증명하려면 이러한 노화 신호에 영향을 주어야만 하기 때문이다. 실제로 구글, 아마존, 애플 등과 같은 IT기업도 많은 의학자들과 함께 노화와 관련된 분자생물학적 경로에 영향을 주는 중재 방법을 찾고, 이를 통하여 건강수명 연장에 도전하고 있다.

세포 노화와 관련된 분자생물학적 지식은 전공자가 아닌 사람들에게는 다소 생소하고 어려울 수 있지만, 최근 급속히 발전하고 있는 노화 방지 및 치료에 대한 내용을 이해하려면 이 분야의 기본 지식이 필요하다. 이를 위해 카를로스 로페즈-오틴Carlos López-Otín 등이 발표한 세포가 노화될 때 나타나는 9개의 특징적 변화를 간략히 소개해본다.[3]

유전체의 불안정

우리 세포의 DNA(미토콘드리아 DNA 포함)는 외부의 물리적, 화학적, 또는 바이러스 등의 생물학적 요인에 의해 끊임없이 공격을 받는다. 뿐만 아니라 세포가 분열할 때 DNA 복제의 오류가 발생하거나 대사 과정에서 생성되는 활성산소의 공격도 받는다. DNA가 손상을 입으면 즉시 이를 수선하고 회복하는 시스템이 작동하는데 이것이 충분하지 않으면 염색체에 손상이 쌓이고 노화가 촉진된다.

텔로미어 길이 단축

세포는 분열할 때마다 염색체의 끝부분이 짧아져서 한계에 이르면 더 이상 분열하지 않고 노화 세포가 된다. 또한 비활동성, 비만, 흡연, 과음, 스트레스 등의 건강치 못한 생활 습관이나 활성산소도 텔로미어 길이를 짧게 한다. 텔로미어 길이는 신체 노화의 척도가 되며 짧으면 만성질환의 발생 위험이 높아진다. 이와 관련된 자세한 내용은 4장에서 설명한다.

후성유전학적 변형

후성유전이란 DNA의 돌연변이가 없이도(염기서열이 변경되지 않은 상태에서) 유전자의 발현이 조절되고, 이것이 다음 세대로 전달되는 현상이다. 주로 환경적인 요인으로 DNA나 히스톤단백질에 아세틸기나 메칠기가 붙어 유전체의 발현이 달라진다. 이러한 후성유전학적 변형은 노화가 진행됨에 따라 많아지는데, 선충이나 초파리 등의 연구에서는 후성유전학적 변형을 줄이면 수명이 증가됨을 증명했다.[4] 이것은 DNA나 히스톤단백질의 메칠화나 아세틸화 정도가 노화의 척도가 될 수 있음을 시사한다.[5] 이에 따라 일부 연구자에 의해 신체 나이를 나타내주는 생체 표지자로 이용되고 있다. 후성유전학적 변형은 DNA의 돌연변이와는 달리 다시 원상회복될 수 있다. 따라서 이것이 향후 미래 노화 방지 의학의 근간을 이루는 치료법이 될 수도 있을 것이다.

단백질 균형의 소실

단백질은 아미노산이 여러 개 연결된 구조다. 그런데 대부분의 경우 아미노산이 한 줄로 연결된 선형의 구조가 아니라, 특징적으로 접혀 공 모양을 이루는 3차원의 형태로 존재한다. 그런데 활성산소나 소포체 스트레스* 등은 특징적인 3차원 구조를 변형시킨다. 이렇듯 접힘 구조가 미접힘unfolding 구조로 변형된 단백질이 축적되는 것이 노화와 노화 관련 질환의 중요한 원인이 된다. 예를 들어 치매의 중요한 병리 소견으로 알려진 아밀로이드 단백도 구조가 변형된 단백이다. 미접힘 단백이 있으면 세포 내 정화 작용에 의해 제거되거나 원상회복시키기 위한 보호 시스템이 발동되는데, 나이가 들수록 이러한 미접힘 단백질 처리 능력이 떨어지는 것이다.

영양소 감각 조절 저하

우리 몸에 영양소가 들어올 때 발육과 성장을 위해 활성화되는 신호전달 체계는 인슐린과 인슐린 유사 성장인자-1Insulin-like Growth Factor-1, IGF-1 경로다. 생명체에서 발육과 성장은 가장 중요한 과제이므로 외부의 영양소 공급에 따라 때로는 발육과 성장을 촉진하고 반대로 척박한 시기에는 다음 기회까지 신체를 유지하기 위해 에너지대사를 조절한다. 발육과 성장을 촉진하는 경로가 라파마이신의 포유류 타깃 단백질mechanistic target

---

* 다양한 내외부 요인에 의해 단백질의 접힘이 제대로 되지 않은 단백질이 축적되는 현상.

of rapamycin, m-TOR 관련 경로고, 신체의 유지와 보수에 관여하는 신호전달 체계는 포크헤드 박스 단백질 O1FOXO1, 서투인sirtuin, AMP-활성 단백질 인산화효소AMP-activated protein kinase, AMPK 등이 관여하는 경로다. 그런데 이러한 경로에 유전자변이가 나타나거나 필요에 따라 영양소를 감각하고 대사를 조절하는 능력이 저하될 때 노화가 가속화된다. 이와 관련한 내용은 2장에서 자세히 설명한다.

미토콘드리아 기능 저하

미토콘드리아는 영양소의 대사와 에너지 생성, 그리고 세포의 삶과 죽음을 결정하는 매우 중요한 역할을 한다. 뿐만 아니라 세포의 생존과 관련된 신호전달 체계와 연결되어 있다. 하지만 동시에 에너지 생성 과정에서 발생하는 활성산소에 의한 손상에 매우 취약한 속성을 갖고 있다. 최근 들어 수많은 연구에서 미토콘드리아 수와 기능이 건강과 질병의 발생과 밀접한 관계가 있음이 밝혀지고 있다. 미토콘드리아의 건강과 기능 유지를 위한 방향이 노화 방지 전략의 중요한 포인트가 되는 이유다. 이는 7장에서 자세히 설명한다.

노화 세포의 출현

노화 세포는 세포분열을 멈춘 후에도 지속적으로 염증 유발 인자, 단백질분해효소 등을 분비하여 질병의 발생과 진행에 영향을 미친다. 유전자조작으로 노화 세포를 증가시킨 쥐는 조로早老 현상이 나타나는데, 이때 노화 세포를 선택적으로 죽이는 약물을 투여하면 조로 현상이 억제되며, 신체 기능이 회복되고 수명도 증가됨이 여러 쥐 실험에서 증명되고 있다. 향후 노화와 노화 관련 질환의 예방과 치료에 획기적인 방법이 될 것으로 기대된다. 이어지는 2장에서 보다 자세히 설명한다.

줄기세포 소진

노화의 특징적 소견 중 하나가 조직이나 세포의 재생능력이 저하되는 것이다. 성체 줄기세포는 인체의 거의 모든 장기나 조직에 분포하는데 나이가 듦에 따라 이러한 줄기세포가 줄어들면서 손상된 조직이나 세포의 재생능력이 저하된다. 대표적 성체 줄기세포인 조혈모세포 소진은 새로운 림프구의 생성이 적어져 노인에게 특징적으로 나타나는 세포매개면역 노화의 원인이 된다.

세포 간 정보전달의 이상

신체의 각 기관은 세포 간 정보전달을 통해 신체의 항상성과 건강을 유지한다. 일례로 스트레스가 있거나 외부 병균의 침입 시 신경내분비 계통의 신호전달과 정보교류로 각종 호르몬이 분비되고 면역기능이 활성화되는 것과 같다. 그런데 이러한 정보전달이 원활하지 않을 때 환경 변화에 대처하는 능력이 떨어지고 면역기능의 이상이 초래되어 만성염증의 원인이 된다. 만성염증은 심혈관질환과 치매, 암과 같은 대부분의 만성질환에서 중요한 병인으로 작용한다.

생체나이는 어떻게 알까?

그렇다면 이러한 노화의 신호를 가지고 내 몸은 얼마나 늙었는지 측정할 수 있지 않을까? 실제 나이와 별개로 사람의 '신체나이'를 생체나이라고 부른다. 생체나이는 의학자들이 만들어낸 가상의 나이다. 하지만 분명 어떤 사람은 동년배보다 훨씬 젊어 보이고 체력과 활력 또한 젊은이들에 못지않은 반면 어떤 이들은 실제 나이에 비해 신체 기능이 떨어지고 각종 질병에 시달린다. 이렇게 실제 나이와 생체나이는 많은 차이를 보일 수 있다. 실제로 생체나이는 어린 시절에는 실제 나이와 비슷하지만 나이가 들수록 개인차가 커져, 노인에게서는 실제 나이와 생체나이가 큰 차이를 보일 수 있다. 또한 생체나이는 노년기에 흔한 만성질환의 발생 위험을 예측할 수 있다.

그러나 생체나이 측정은 쉽지 않다. 개념은 분명하고 쉬운

데 실제로 적용하려면 한계에 부딪힌다. 우리 몸속 각 장기의 기능이 떨어지는 속도가 서로 다를 뿐만 아니라, 무엇을 노화의 지표라고 활용할 것인가라는 문제를 생각해보면 생체나이가 절대적 수치가 될 수 없음을 쉽게 짐작할 수 있다. 현재 다양한 방법이 사용되지만 아직 그 효용성이 검증된 방법은 없다. 다만 이를 통해 건강관리에 도움을 받을 수 있을 뿐이다.

현재 사용되고 있는 방법들은 일정 수의 건강지표(예를 들어 지질지표, 염증지표, 공복혈당, 알부민, 수축기혈압 등)나 건강생활 습관, 신체 기능 평가와 더불어 텔로미어 길이, DNA 메칠화 정도, 대사 지표 등의 생체나이 예측인자들을 조합하거나 단독으로 사용하여 측정한다. 흔히 사용되는 방법으로 클레메라 듀발법Klemera-Doubal Method, KDM(http://github.com/dayoonkwon/BioAge)[6]과 항상성 조절곤란 알고리듬Homeostatic dysregulation algorithm[7] 등이 있다. 국내에서도 생화학검사 자료를 이용하여 생체나이를 측정하는 도구가 개발되어 있다.[8] 향후 각종 신체 기능과 유전정보를 포함한 새로운 생체 표지자(오믹스학 등)가 개발되어 생체나이를 보다 정확하게 측정하는 방법으로 신체 노화에 대한 평가가 더욱 정밀해지기를 기대한다.

2장

노화를 설명하는
학설들

지금까지 수많은 의학자들이 다양한 이론을 제창하며 생물학적 노화의 원인을 설명하고자 했음에도 여전히 노화는 불가사의하여 한 가지 이론만으로는 풀어낼 수가 없다. 그러나 그 의학자들의 노력과 연구의 결과로 노화가 일어나는 이유와 과정을 다양한 관점에서 비교적 상세히 이해하게 되었다. 노화의 실체를 알기 위해서는 진화의 관점에서 종 자체를 바라보는 거시적 시각과 함께, 세포 내에서 노화와 관련된 여러 분자생물학적 체계의 변화를 이해하는 미시적 관점이 모두 필요하다. 이 장에서는 노화 과정을 진화론적 관점과 분자생물학적 관점에서 이해하고 궁극적으로 출현하는 노화 세포의 생리와 특성에 대해 살펴본다.

진화론적 관점 — 일회가용신체설

진화론적인 면에서 본 대표적인 노화 학설은 일회가용신체설 disposable soma theory이다. 일회가용신체설은 신체의 발육과 생식, 그리고 유지와 보수라는 서로 배타적이고 경쟁적인 활동 중에서 발육과 생식 활동에 자원이 우선적으로 배분되기 때문에 나타나는 현상이 신체 노화라는 주장이다.[1, 2, 3]

영국의 노벨 생리의학상 수상자인 피터 메더워Peter Medawar 가 지적한 대로 자연 세계에서 사망 원인 대부분은 노화라는 내적 요인이 아니라 약육강식, 전염병, 기아, 사고 등 외부 요 인에 의한 조기 사망이었다. 따라서 진화의학적 관점에서 볼 때 대다수 개체는 사망하는 연령 이후까지 신체를 보존하기 위해 에너지를 쓸 이유가 없다. 그 대신 자원을 발육과 생식에 집중시켜 자신의 유전자를 후대에 퍼뜨려 종을 유지하려 한 다. 이 경우 진화의 방향은 개체의 보존보다는 발육과 생식에 우선적으로 에너지를 집중한다. 이를 좀 더 극단적으로 표현하면 우리의 신체는 후손을 퍼뜨리기 위한 일회용 소모품으로 간주된다는 것이다.

이에 따라 발육과 생식에 유리한 조건들, 즉 먹거리가 풍성하고 환경이 좋으면 우리 신체는 이 기회를 놓치지 않고 성장하고 생식하는 엔진을 최대한 가동시킨다. 선사시대부터 인류는 대부분의 시간을 척박한 땅에서 굶주림 속에 주변 환경으로부터 늘 생명에 위협을 받으며 살아왔기 때문에 진화론적으로 신체의 성장과 생식의 엔진에 브레이크를 달 필요가 없었다.[4] 성장과 생식이 우선이기에 손상이 발생해도 보수에 에너지를 쓰지 않아, 손상이 축적되고 노화가 촉진된다. 하지만 먹을 것이 없어지고 가뭄과 한파 등 혹독한 환경이 닥치면 다음 기회를 위해 발육과 생식의 자원을 최대한 줄이고 신체의 유지와 보수에 에너지를 사용한다. 이와 같은 이론은 최근 세포의 생존과 에너지대사, 그리고 성장과 분열에 관여하는 분자생물학적 신호전달 체계들이 밝혀지면서 다시 주목받고 있다.

이러한 진화의학적 관점을 따르면 우리가 무병장수에 이를 수 있는 길이 분명하게 보인다. 즉 우리 몸 안에 신체의 유지와 보수에 관여하는 내재된 자원을 최대한 이용하며 건강하게 살려면 칼로리와 영양소의 섭취를 적절히 절제해야 하는 것이다. 성장과 생식이 모두 끝난 중년기 이후의 시간에는 더욱 그렇다. 우리 몸을 자동차에 비유하자면, 성장과 생식을 위

그림 2-1 일회가용신체설

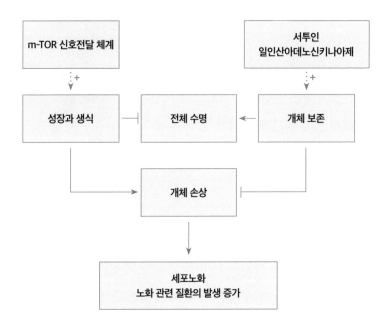

한 엔진만 있을 뿐 브레이크는 없어서 좋은 환경에서 영양분
이 충분하면 무조건 가속페달을 최대한으로 밟는 형국이다.
이 때문에 자동차의 부속이 과열되어 망가지듯이 신체 각 장
기가 과도히 활동하며 손상을 입는다. 이것이 바로 질병 예방
과 건강 증진을 위해 칼로리 제한이 필요한 이유다.

그림 2-1이 이러한 원리를 잘 설명해준다. 영양소가 풍부
할 때 활성화되는 m-TOR는 수명을 희생하며 성장과 생식을

촉진시켜 활력을 불어넣고 개체수를 늘리지만, 이로 말미암아 신체 기관의 손상이 축적되고 노화 관련 질환의 발생이 증가한다. 반대로 영양소가 부족할 때는 서투인과 일인산아데노신 키나아제가 활성화되는데, 그러면 성장과 생식은 억제되지만 개체 유지와 보수에 자원을 배분하여 수명이 증가하고 손상이 적어져 노화 관련 질환의 발생이 줄어든다.

맞버팀 다형질발현

젊은 시절 건강에 이로웠던 유전적 특성이 노년기에는 오히려 해가 되는 현상을 맞버팀(길항적) 다형질발현antagnostic pleiotropy 이라고 한다. 이러한 현상을 이해하면 신체 노화의 비밀에 더욱 가까이 다가갈 수 있다. 맞버팀 다형질발현은 1957년 진화 생물학자 조지 윌리엄스George Williams가 주창한 이론으로, 발표 이후 수많은 생명현상에 나타나고 있음이 밝혀졌다.[5] 예를 들어 강한 면역력을 갖고 있는 개체는 성장기에 외부의 병균 침입으로부터 자신을 보호할 수 있지만 나이가 들면서 강한 면역기능이 조절되지 않아 만성염증으로 질병의 발생 위험이 증가할 수 있다. 또한 성장호르몬의 경우도 젊은 시절에는 발육과 성장에 필수적일 뿐만 아니라 건강감과 활력을 넘치게 하는 호르몬이지만, 노년에 성장호르몬이 많으면 암의 발생과 수명 연장에 불리하게 작용한다. 실제로 100세 이상 노인들은 특징적으로 성장호르몬(IGF-1)의 수치가 일반인보다 낮다. 그리고 대표적인 암 억제 단백질 p53은 암의 발생을 막아주는 반면, 세포의 자살(자기사멸사)을 많게 하여 신체 노화를 촉진한다. 뿐만 아니라 세포 내 손상된 소기관의 분해와 재생에 관여하여 건강에 유리하다고 생각되었던 자가포식현상, 즉 오토파지autophagy도 노화를 촉진하는 역할을 할 수 있음이 꼬마선충 연구에서 밝혀졌다.

이를 고려할 때 노년기에 접어들어 나타나는 면역기능의 저하, 노화 세포의 출현, 호르몬 분비의 감소 등과 같은 노화 현상들은 노년에 나타날 위험을 낮추기 위한 교환 현상이라고 생각해볼 수도 있다. 말하자면 어느 것을 얻으려면 반드시 다른 것을 희생해야 하는 일종의 트레이드오프인 셈이다. 따라서 건강 증진과 노화 방지를 단지 신체 노화 현상을 인위적으로 없애고, 젊은 시절의 활력과 왕성한 힘을 되찾기 위한 회춘으로 이해하는 것은 심각한 오류를 범할 수 있음을 반드시 기억해야 한다.

분자생물학적 관점―프로그램 이론과 무작위 손상 이론

생물학적 노화를 일으키는 분자생물학적 기전은 매우 다양하게 설명할 수 있지만, 크게 프로그램 이론과 무작위 손상 이론의 범주로 나눌 수 있다. 먼저, 프로그램 이론은 사람의 최대 수명과 노화 속도는 유전적으로 이미 정해져 있다는 주장이다. 마치 세포의 유전자에 생물학적 시계가 존재하는 것처럼 한계가 미리 설정돼 있으며 일정한 시간이 지나면 세포는 더 이상 분열하지 않고 죽도록 프로그램되어 있다는 것이다. 생명체마다 정해진 수명은 다른데, 쥐는 최대 수명이 2년이고 거북이는 150년이며 침팬지는 40년이다. 사람의 경우 한 세포의 수명과 최대 분열 가능 횟수를 곱해서 추정한 수명은 약 120년이다.

프로그램 이론 가운데 대표적인 것이 텔로미어 이론과 신경내분비 이론neuroendocrine theory이다. 헤이플릭 한계에서부터 태동된 텔로미어 이론은 수많은 연구들에 의해 노화와 암을 일으키는 기전에 밀접한 연관이 있다는 것이 밝혀지면서 많은 의학자들의 관심을 끌었다. 또한 최근에 텔로미어 길이의 단축은 신체 노화에 결정적인 역할을 하는 노화 세포 생성의 중요한 요인으로 주목받고 있다. 신경내분비 이론은 나이가 들면서 어느 시점에 급격히 호르몬 생성이 저하되어 세포의 기능이 떨어지는 것이 노화의 원인이라는 주장이다. 성장호르몬과 성호르몬을 중심으로 비교적 최근까지 많은 연구가 있었지만 다양한 임상 연구에서 기대했던 효과들이 입증되지 않아 처음보다는 관심과 기대가 많이 줄었다. 그렇긴 하나 밤의 호르몬인 멜라토닌의 다양한 효과에 대한 관심과 기대가 늘어나면서 다시금 연구가 이어지고 있다.

무작위 손상 이론으로는 활성산소 이론과 미토콘드리아 이론이 대표적이다. 세포 내에서 에너지를 얻기 위한 과정 중 필연적으로 생성되는 활성산소가 세포 내 소기관을 손상시키는 것이 신체 노화의 원인이라는 주장이다. 여기에서 언급한 프로그램 이론과 무작위 손상 이론에 관해서는 2부에서 보다 자세히 설명한다.

노화 세포의 출현과 노화의 진행

노화 세포는 세포분열을 영원히 멈춘 세포다. 더 이상 분열하고 증식할 수 없다. 그런데 이 노화 세포가 제거되지 않고 남아서 노화연관분비표현형senescent associated secretory phenotype이라고 부르는 노화 유발 물질을 분비하여 염증을 일으키고, 주변 조직을 파괴하며 주변의 정상 세포까지 노화 세포로 만든다는 사실이 밝혀졌다. 요컨대 노화 좀비 세포의 역할을 하는 것이다.

모든 세포는 세포 내 이상이 발생하면 스스로 자살 신호apoptosis pathway를 보내거나 면역세포에 의해 죽게 되는데, 이 노화 세포는 이러한 방어기전을 회피하는 특성이 있다. 그로 인해 노화 세포는 제거되지 않고 자신뿐 아니라 주변 조직도 함께 기능을 떨어뜨리는 신체 노화의 근본 원인이 된다.[6]

실제로 우리 몸에 노화 세포가 많아지면 신체 기능이 떨어지고, 치매, 당뇨병, 골관절염, 동맥경화 등 다양한 만성질환의 원인으로 작용한다. 이 때문에 최근 의학계에서는 신체 노화의 근본 원인이 되는 노화 세포를 제거하거나 그 작용을 억제하고자 하는 연구가 활발히 이루어지고 있다.[7] 최근의 동물 실험에서는 이러한 시도가 실현 가능한 치료법이 될 수 있음이 입증되기도 했다.[8] 비록 지금은 걸음마 수준의 초보적 단계지만 미래 의학적 관점에서 바라볼 때, 향후 매우 빠른 속도로 발전하여 인류의 건강수명을 늘리고 노인성 만성질환의 예방과 치료에 기여할 수 있으리라 기대된다.

3장

면역노쇠와
염증노화

우리 몸의 면역체계는 태어날 때는 모체로부터 받은 것을 사용하지만 외부 환경과 병원균에 노출되면서 스스로 배우고 학습되며 성숙되어간다. 하지만 나이가 들면서 면역체계에 변화가 오고 효율성이 떨어진다. 면역계 노화의 두 가지 특징적인 소견은 면역노쇠와 염증노화다. 면역노쇠는 면역세포의 수와 기능이 떨어져 초래되며 고령자에서 감염성 질환과 사망이 급격히 증가하는 이유가 된다. 또한 염증노화는 낮은 강도의 체내 염증이 만성적으로 지속되는 상태를 말하며 근감소증, 동맥경화, 암, 치매, 골다공증, 비만 당뇨병 등 노화 관련 질환의 위험을 증가시킨다. 이 장에서는 면역체계에 대한 간략한 지식과 더불어 면역노쇠와 염증노화의 정의와 기전, 그리고 이 때문에 초래되는 질병들에 대해 설명한다.

면역체계의 분류

우리 몸의 면역은 면역세포, 즉 백혈구와 이들이 생산 분비하는 물질에 의해 수행된다. 면역세포에 의한 면역을 세포성면역이라 부르고, 이들이 분비하는 물질에 의한 면역을 체액성면역이라 부른다. 또한 기능적 측면에서 볼 때 선천면역과 후천면역, 두 가지로 나눌 수 있다. 선천면역은 태어날 때부터 모든 사람이 갖고 있다고 해서 붙은 이름이다. 반면 후천면역은 각 개인이 일생 동안 노출되었던 병원균에 의해서 형성된 면역력이라는 뜻이다.

선천면역은 외부에서 미생물이나 독소 등의 이상 물질이 체내로 진입하는 것을 빠르게 감지하고, 포착하여 파괴하는 최전방 군인으로 비유할 수 있다. 혈액 내의 과립백혈구와 대식세포, 자연사멸세포Natural Killer Cell, NK세포, 그리고 이들 세포에서 분비되는 보체補體와 사이토카인이 여기에 속한다. 이들 세포는 우리 몸에 적이 침투했다는 경보가 울리면 즉시 출동하여 해당 지역에 염증을 유발하여 방어한다. 이들에 의한 면역반응은 빠르고 신속하지만 매우 독성이 강하여 우리 신체조직도 손상될 수 있다. 따라서 체내 위험이 사라지면 즉시 생성이 억제되도록 매우 엄격하게 조절되어야 한다. 마치 불을 질러 침입균을 죽이는 것과 같다. 염증이 생긴 부위가 벌겋게 붓고 아프고 열이 나는 특징적인 소견이 바로 이러한 염증 물질의 작용 때문이다.

반면 후천면역은 보다 정교화된 면역체계다. 후천면역에 주된 역할을 하는 것은 림프구다. 림프구는 암세포나 병원균을 직접 공격하는 T세포와 항체를 형성하는 B세포로 나뉜다. T세포는 골수에서 만들어져 흉선thymus에서 성장하기 때문에 붙은 이름이다. T세포에는 바이러스에 감염된 세포나 암세포 등 이상세포를 찾아내어 죽이는 역할을 하는 세포독성 T세포(CD8+), 다른 세포들의 기능을 돕는 역할을 하는 보조 T세포(CD4+), 과거 병원균(혹은 예방주사)을 기억하고 있다가 재침입 시 선택적으로 방어하는 기억 T세포, 그리고 과도한 면역반응이 일어나지 않도록 조절해주는 조절 T세포 등이 있다. B세포는 침입한 병원균의 항체를 형성하는 역할을 한다. 기억된 병원균이 다시 침범할 때 즉시 항체를 통해 무력화시키고 T세포와 함께 죽인다. B세포는 새의 파브리치우스낭Bursa of Fabricius

그림 3-1 면역체계의 분류

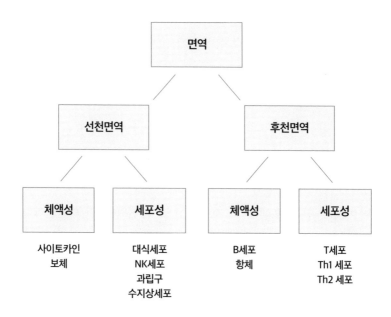

에서 처음으로 발견되어 B라는 이름을 얻게 되었다.

면역계 노화의 특징적인 소견은 면역계 중에서 림프구 중심의 후천면역 기능은 저하되고 대식세포 중심의 선천면역은 오히려 활성화하는 경향을 보인다는 것이다. 즉 침입한 세균을 찾아내어 형성된 항체와 더불어 선택적으로 공격하는 림프구의 기능이 저하되면서 고령자에서 폐렴 등 감염성 질환에 의한 사망이 급증한다. 뿐만 아니라 병균의 침입이 없는데도 선천면역이 약하게 지속되면서 염증 유발 물질을 분비하여 신체 각 기관의 손상을 일으키고, 이것이 만성질환의 중요한 원인이 된다. 요컨대 나이가 들면서 후천면역의 기능 저하와 반대로 선천면역의 지속적 활성화가 고령자에게서 면역노쇠와 염증노화의 특징적 소견으로 나타난다.

면역노쇠

나이가 들면서 오랜 기간 지속적으로 외부의 항원(병원균이나 이물질)의 압박과 과도한 자극을 받으면 우리 면역체계도 기능이 떨어지고 노쇠한다. 특히 흉선의 퇴화는 면역노쇠와 밀접한 관련이 있다. 흉선은 가슴의 정중앙 부위, 흉골의 뒤쪽 좌우 폐 사이에 자리한 면역 기관인데, 앞서 언급했듯 T세포가 성숙하는 기관이다. 그런데 T세포가 성숙하는 곳인 흉선 상피 공간은 생후 1년 이후부터 중년기까지 1년에 3퍼센트 정도씩 작아진다. 중년기 이후에도 1년에 1퍼센트 정도씩 감소해 70대가 되면 전체의 10퍼센트에 불과하게 퇴화한다.[1] 이에 따라 새롭고 건강한 T세포가 만들어지지 못하는 것이다.

이 때문에 세포독성 T세포나 항원을 만난 적이 없고 새롭게 생성된 T세포의 수가 현저히 줄어들고, 반면 이미 병원균에 노출된 기억 T세포의 비율은 높아진다. 자연히 새롭게 발견되는 암세포나 병원균을 찾아 죽이는 능력이 저하되어 감염병이나 암의 발생 위험이 증가한다. 뿐만 아니라 B세포의 기능도 떨어져 예방주사를 맞아도 항체 형성이 되지 않아 감염병의 예방 효과가 낮아진다. 이러한 이유로 고령층에서 폐렴이나 인플루엔자 등 감염성 질환이 급격히 증가하며 경우에 따라 사망에 이르는 치명적인 결과를 초래한다.

실제로 국내 사망 원인 통계를 보면 65세 이상 노령층에서 폐렴으로 인한 사망이 3위를 차지한다. 암이나 심장질환 등 다른 사망 원인은 감소하는 데 비해 폐렴으로 사망하는 사람은 10년 동안 2배 가까이 증가했다.[2] 또한 코로나19로 인한 사망률도 60대 이상은 30대에 비해 25~134배로 높아진다. 모두 면역력의 차이 때문에 생기는 문제들이다.[3]

면역과 염증

보통 면역은 좋고 염증은 나쁜 것이라고 생각하기 쉽다. 신체 특정 부위가 갑자기 붓고 아프고, 피부색이 붉게 변하고, 열이 나는 급성염증의 대표적인 증상들이 대부분 사람들에게 불쾌한 경험으로 자리 잡고 있기 때문이다. 하지만 그렇지 않다. 면역과 염증은 동전의 양면 같은 것이다. 염증이 잘 생긴다는 것은 우리 면역이 건강하다는 의미다. 염증은 우리 몸을 방어하기 위해 면역체계가 만들어내는 매우 중요한 생체반응이기 때문이다.

염증 반응은 면역세포에서 분비되는 염증 유발(매개) 물질들에 의해 나타나는 현상이다. 이 물질들이 병원균이 침입한 부위에 혈관을 이완시키고 투과성을 높여 백혈구가 상처 부위로 빠져나오기 쉽게 하고 염증 부위가 확장되는 것을 억제한다. 또한 발열과 통증을 통해 해당 부위를 무리하게 사용하지 못하게 하여 더 큰 손상을 막는다. 대부분의 급성염증은 병원균이나 손상된 조직이 잘 처리된 후 자연히 가라앉는다. 이와 같은 염증 반응은 우리 몸을 지키고 보호해주는 중요한 방어 기제다.

그런데 염증 반응은 양날의 검과 같아서 조절되지 않고 과도하게 나타나거나 또는 병원균의 침입이 없는 상태에서도 지속된다면 우리 건강을 위협하는 양면성을 갖고 있다. 예를 들어 메르스나 코로나19 치료 과정에서 과도한 염증 반응은 사이토카인 폭풍이 되어, 바이러스 자체가 문제를 일으키기보다 면역세포가 폐조직을 괴사시켜 치명적인 결과를 초래한다. 또한 류머티즘이나 전신성홍반성루푸스, 베체트병, 쇼그렌병과 같은 자가면역질환은 병원균의 침입이 없는데도 불구하고 자신의 신체조직을 외부 물질이라고 오인하여 끊임없이 염증을 일으키며 공격하여 조직을 손상시킨다.

염증과 사이토카인

사이토카인은 염증 반응의 핵심 역할을 하는 단백질 인자로서, 면역세포에서 생성되며 면역반응의 제어 및 조절, 항암 작용, 항바이러스 작용을 하는 물질을 말한다. 사이토카인은 매우 독성이 강하여 병원균만 아니라 신체조직도 손상시킬 수 있으므로 필요할 때만 생성되고 체내 위험이 사라지는 즉시 생성이 억제되도록 엄격하게 조절되어야 한다. 이러한 조절 작용이 깨지면 염증 유발 사이토카인이 면역세포에서 전신적이고 만성적으로 생성되어 다양한 질병의 증상과 징후 및 조직 손상의 원인이 된다. 실제로 여러 연구들에 의하여 사이토카인의 과다 생성이 류머티즘관절염, 크론병, 염증성 장 질환, 동맥경화, 제2형당뇨병, 알츠하이머치매, 다발성경화증, 암 등의 만성질환 발생과 밀접한 관련이 있음이 밝혀져 있다.[4, 5, 6]

사이토카인은 주된 역할에 따라 크게 염증성과 항염증성으로 나뉜다. 염증성 사이토카인은 강력한 염증을 유발하는데 인터류킨-1IL-1과 인터류킨-6IL-6, 종양괴사인자TNF-α, 인터페론 감마IFN-γ 등이 여기에 속한다. 반면 항염증성 사이토카인은 인터류킨-10IL-10, 인터류킨-13IL-13, 전환성장인자 베타TGF-β 등이며, 염증 반응을 억제하는 역할을 한다. 이들이 서로 연결되어 신호를 주고받으며 염증의 정도를 조절하는 중요한 역할을 한다. 염증 반응이 중요한 방어기제이듯, 사이토카인의 역할 또한 과다한 염증을 막아 신체를 보호하는 방어기제인 것이다. 염증성 사이토카인과 항염증성 사이토카인이 상호 균형을 이루며 신체 염증을 적절히 조절해주면 성공적 노화를 이루지만 그렇지 않을 경우 노쇠와 만성질환의 위험이 높아진다(그림 3-2).

염증성 사이토카인은 감염 질환에 걸리지 않게 하여 초기 생존에 유리하지만 이후에는 염증노화의 위험을 높인다. 반면 항염증성 사이토카인이 많으면 초기에 감염병에 걸리기 쉬우나 노년기에는 염증노화로 인한 만성질병의 발생과 노쇠의 위험이 적어진다. 이는 2장에서 언급한 '맞버팀 다형질발현'의 한 예로도 볼 수 있다. 따라서 성공적인 노화를 위해서는 염증성 사이토카인과 항염증성 사이토카인이 균형을 이루어 과도한 염증 반응이 일어나지 않는 것이 중요하다.

염증노화

나이가 들면서 저강도의 경미한 염증이 만성적으로 지속되는 현상이 나타난다. 이탈리아 의학자 클라우디오 프란체스키 Claudio Franceschi는 이러한 현상을 염증과 노화의 합성어로 염증노화라고 불렀다.[7] 염증노화의 네 가지 중요한 특징은 ① 경미

그림 3-2 염증의 조절과 노화[8]

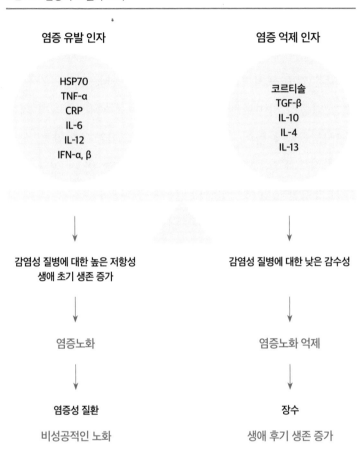

염증 유발 인자

HSP70
TNF-α
CRP
IL-6
IL-12
IFN-α, β

↓

감염성 질병에 대한 높은 저항성
생애 초기 생존 증가

↓

염증노화

↓

염증성 질환

비성공적인 노화

염증 억제 인자

코르티솔
TGF-β
IL-10
IL-4
IL-13

↓

감염성 질병에 대한 낮은 감수성

↓

염증노화 억제

↓

장수

생애 후기 생존 증가

하고 ② 증상이 없으며 ③ 전신적이고 ④ 만성적이라는 것이
다. 즉 체내에서 무슨 일이 벌어지는지 전혀 눈치채거나 알 수
가 없다. 하지만 노인에게서 염증노화는 암, 심혈관질환, 알츠

하이머치매, 파킨슨병, 근감소증, 골다공증, 우울증, 노쇠, 신체 기능 장애 등 대부분의 노화 관련 질환과 연관성이 있다. 또한 노인은 젊은이들에 비해 C-반응단백CRP이나 아밀로이드A와 같은 염증 표지자의 농도가 약 2~4배 높다. 그리고 가장 강력한 염증성 사이토카인인 IL-6 농도는 신체장애, 질병 이환율, 사망률과 관련이 있고, IL-1 β 농도는 이완기 혈압 및 심부전, 협심증과 관련되며, 혈중 TNF-α의 농도는 80세 이상 노인에서 강력한 사망 예측인자로 알려져 있다.[9]

염증노화는 다양한 노화 관련 질환의 발생 위험을 높인다. 대표적인 질환으로는 근감소증, 암, 치매나 파킨슨병과 같은 퇴행성신경질환, 골다공증, 동맥경화, 심뇌혈관질환, 비만, 당뇨병 등이 있다. 따라서 일부 의학자들은 조절되지 않는 만성 염증이 노화의 중요한 원인이라고 생각한다. 실제로 최근 다양한 연구에서 항염 작용이 있는 아스피린이 심뇌혈관질환 및 일부 암에 1차 또는 2차 예방 효과가 있는 것으로 보고되기 때문에 염증이 이들 질환의 발생과 밀접한 관련이 있는 것은 분명해 보인다. 따라서 염증을 완화할 수 있는 생활 습관이나 영양소, 건강식품 등에 관심을 가질 필요가 있다.

염증노화의 영향은 백세노인에 관한 연구에서도 잘 드러난다. 국제연합UN 발표에 따르면 100세 이상 사는 백세노인은 인구 10만 명당 5.87명(2015년 기준)이다. 의학자들은 이 극소

그림 3-3 염증노화의 원인과 결과

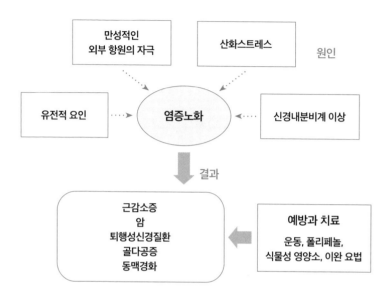

수 백세노인들의 특성을 관찰하여 (건강)수명 연장에 관한 실마리를 찾고 있다. 연구에 따르면 유전, 환경, 식생활 습관, 정신사회적 영향 등의 요인이 총체적 영향을 미치지만, 가장 중요한 것은 백세노인들의 만성염증이 일반 노인들에 비해 월등히 적다는 점이다.

백세노인은 염증을 조절해주는 항염증성 사이토카인의 발현이 높아 만성적인 체내 염증 상태를 보완한다. 이러한 차이는 유전자의 변이와 관련이 있다. 중요한 항염증성 사이토카인인 IL-10은 특정한 형태의 유전자(IL-10-1082GG)를 갖고 있으면 생성이 증가하는데, 백세노인의 경우 이러한 형태의 유전자를 갖고 있는 경우가 일반인에 비해 많았다. 반면 염증성 사이토카인의 생성을 많게 하는 유전자변이형의 경우는 출현 빈도가 더 낮았다.[10]

이렇듯 성공적 노화를 위한 면역체계는 T림프구와 B림프구 중심의 후천면역기능은 잘 유지되면서 선천면역기능은 과도히 활성화되지 않도록 유지하여 염증노화를 억제하는 것이다. 일부 연구자들을 중심으로 흉선의 기능을 되살려 T림프구의 기능을 강화하려는 노력[11, 12]을 하고 있으나 임상에 적용되려면 더 많은 연구가 필요하다.

2부

우리는 왜 늙는가
노화의 원인과 비밀

4장

헤이플릭 한계와
텔로미어

노화 세포의 가장 중요한 특징은 분열하여 새롭게 태어나는 능력을 상실하는 것이다. 암세포와 생식세포, 줄기세포 등을 제외한 체세포는 일정한 횟수만큼만 분열할 수 있다. 50~60년 전에 이러한 세포의 특성이 헤이플릭 한계와 텔로미어 때문인 것으로 밝혀진 이후 많은 연구들을 통해 텔로미어 길이가 신체 노화와 만성질환의 발생에 밀접한 관계가 있음이 밝혀지고 있다. 이 장에서는 헤이플릭 한계와 텔로미어에 대해 자세히 알아본다.

헤이플릭 한계란?

우리 몸은 30조 개의 세포로 구성되어 있다. 대부분의 세포들은 일정 기간이 지나면 분열하고 복제하여 새롭게 태어난다. 이렇게 오래된 세포가 분열하고 복제하여 새롭게 태어나는 것은 건강과 장수의 중요한 열쇠가 될 수 있다. 과거 의학자들은 세포가 외부 조건만 충족시켜주면 끝없이 분열하고 복제하는 능력이 있는 줄 알았다. 그래서 건강한 세포의 분열을 지속시킬 수 있는 조건을 찾는 것이 신체 노화와 질병을 예방할 수 있는 방법이 될 것으로 생각했다.

스탠퍼드 의과대학의 미생물학 교수였던 레너드 헤이플릭 Leonard Hayflick은 자신의 실험실에서 배양하는 섬유아세포fibroblast가 일정 횟수를 분열한 후 죽는 것을 관찰했다. 처음에는 세포의 생존에 필요한 조건을 잘못 맞춰주었기 때문이라고 생각했다. 그 후 좀 더 정밀하게 설계된 연구에서도 동일한 현상이 발생했고, 더구나 분열 횟수가 적은 세포와 많은 세포를 함께 배양했을 때 일정 기간이 지나자 분열 횟수가 적은 세포만 살아 있는 것을 발견했다. 세포 배양의 조건이 잘못되었다면 모든 세포가 비슷한 시기에 죽어야 했을 것이다. 그는 이러한 실험 결과를 토대로 1961년, 세포는 정해진 횟수 이상 분열할 수 없다는 사실을 발표했다.[1] 이를 헤이플릭 한계라고 한다.

인간 태아의 섬유아세포는 약 50회만 세포분열을 할 수 있다. 헤이플릭은 이러한 현상이 신체 노화의 근본 원인이라고 주장했다. 이를 세포예정사 이론programmed cell death theory이라고 한다. 실제로 세포분열의 횟수는 중간에 멈춘 상태가 있더라도 변하지 않는데, 태아의 섬유아세포의 경우 만약 10회 분열한 후 냉동 보관을 하여 대사 과정을 멈추게 한 다음, 수년이 지나 해동하더라도 남은 세포분열 횟수인 40회만 분열할 수 있다. 1970년대 들어서 러시아의 생물학자 알렉세이 올로브니코프Алексей Оловников와 DNA의 이중구조를 밝혀낸 미국의 제임스 왓슨James Watson이 헤이플릭 한계가 나타나는 이유가 DNA가 복제될 때마다 텔로미어 길이가 짧아지기 때문이라는 사실을 발표했다.[2]

텔로미어의 구조

텔로미어는 염색체의 끝부분에 유전정보가 없는 염기서열 (5′-TTAGGG-3′)n이 반복되는 DNA를 말한다. 텔로미어는 1938년에 허먼 멀러Hermann Muller가 파리의 염색체에서 처음으로 발견하여, 그리스어로 끝을 의미하는 '텔로telos'와 부분을 뜻하는 '미어meros'를 합쳐서 이름 붙였다. 텔로미어는 염색체 끝

그림 4-1 염색체와 텔로미어

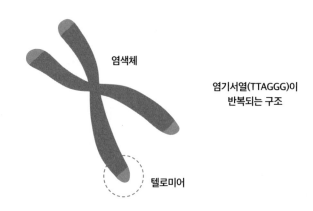

에 위치하는 6개의 염기서열이 반복되는 구조다(그림 4-1).

염색체는 가늘고 길게 꼬여 있는 DNA의 두 가닥이 DNA 결합 단백질인 히스톤에 실처럼 감겨 부피를 줄이고 응축된 염색질로 이루어져 있다. 사람은 46개의 염색체를 갖고 있으므로 양쪽 끝에 위치한 텔로미어는 모두 92개다. 텔로미어 DNA는 대부분 이중 가닥이지만, 마지막 짧은 부분은 한 가닥의 돌출부로 이루어져 있다. 텔로미어는 6개의 특정 단백들이 셸터린 복합체shelterin complex를 형성하여 구조와 기능을 유지하고 보호하는데, 특히 끝부분은 셸터린 단백들의 도움으로 고리 형태의 구조(T 루프와 D 루프)를 만들어 한 가닥의 돌출부를 고리 안으로 숨겨 보호한다(그림 4-2). 이는 두 가닥의 DNA가

그림 4-2 **텔로미어 끝부분의 고리 형태 구조(T 루프와 D 루프)**[3]

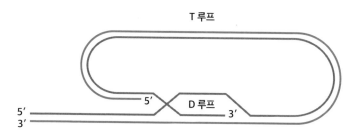

손상된 것으로 인식되어 세포가 스스로 죽거나 분해되는 것을 방지하기 위함이다. 체세포의 경우 텔로미어는 5000~1만개의 염기쌍으로 이루어져 있으며 염기서열(TTAGGG)은 약 1000~2000회 반복된다.[4, 5]

텔로미어의 역할과 말단 복제 문제

텔로미어의 역할은 크게 두 가지로 나눌 수 있다. 첫째는 염색체의 끝부분을 보호하는 역할이다. 텔로미어가 염색체 끝에 씌운 모자와 같은 역할을 하여 다른 염색체가 붙어 융합·재조

합되거나 분해되지 않도록 한다. 둘째는 DNA 복제 시 발생하는 말단 복제 문제에 대한 완충 역할이다. 말단 복제 문제란 세포분열을 할 때 DNA의 가장 끝부분이 완전히 복제되지 못하는 것을 말한다. 말단 복제 문제 때문에 세포분열을 할 때마다 DNA 끝부분의 염기가 15~50개 정도 계속해서 소실되는데, 이때 유전정보를 갖고 있지 않은 텔로미어가 짧아지면서 유전자를 갖고 있는 DNA를 보호하는 것이다. 이것이 DNA 끝부분에 반복되는 염기서열, 즉 텔로미어가 있는 이유다.

그렇다면 말단 복제 문제는 왜 발생하는 것일까? DNA를 구성하는 기본 단위인 뉴클레오티드는 탄소 분자를 5개 갖고 있는 오탄당에 염기와 인이 붙어 있는 구조다. 오탄당의 5개 탄소에 시계 방향으로 번호를 붙이면 3번 탄소($3'$)에 수산기 OH가 있고 5번 탄소($5'$)에 인 P이 있는데, DNA는 $3'$의 수산기와 $5'$의 인이 서로 결합하면서 뉴클레오티드가 길게 연결된 구조다. DNA는 두 가닥이 서로 마주 보고 결합된 형태이기 때문에 두 가닥 중 하나는 $3'$-OH로, 그리고 다른 가닥은 $5'$-P로 끝난다. DNA 합성은 수산기($3'$-OH)를 발판으로 해서 인($5'$-P)을 붙여가며 뉴클레오티드를 이어 나간다. 따라서 새롭게 만들어지는 DNA 가닥은 항상 $5'$-P로 끝나는 뉴클레오티드의 $3'$-OH에 새로운 뉴클레오티드의 $5'$-P를 붙여 이어가며 만들어진다. 즉 DNA 복제는 언제나 $5'$에서 $3'$으로 향하게 된다.

그림 4-3 뉴클레오티드 구조

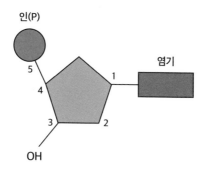

그림 4-4 뉴클레오티드 연결로 이루어진 DNA의 이중구조

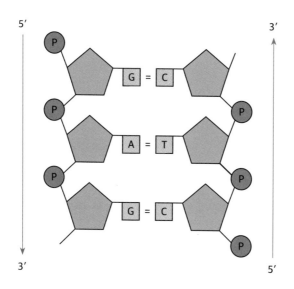

그림 4-5 말단 복제 문제

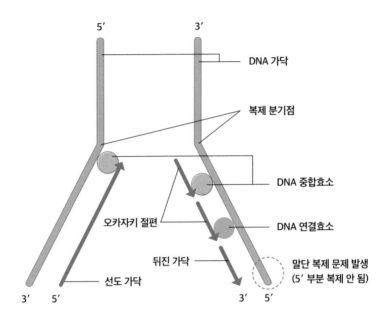

그런데 복제해야 할 DNA 두 가닥의 시작과 끝은 서로 다르다. 이 중 3′에서 시작하여 5′으로 끝나는 가닥을 복제할 때가 문제다. DNA의 복제 방향과 맞지 않기 때문이다. 이 경우는 수산기가 붙어 있는 RNA 템플릿을 이용하여 비연속적으로 DNA 조각(오카자키 절편)을 먼저 생성한 다음 RNA 템플릿을 제거하고 DNA 연결효소가 조각들을 이어 붙인다. 그런데 가장 끝부분에 위치한 RNA 템플릿은 DNA 조각이 만들어지지

못하기 때문에 그만큼의 DNA가 복제되지 못한다. 반면 다른 가닥에는 단일 가닥의 3′ 돌출부가 만들어진다. 염기는 4종류가 있는데 티아민T, 아데닌A, 구아닌G, 시토신C이다. 텔로미어는 구아닌이 많은 3′ 단일 가닥 돌출부로 끝나는 구조다.

복제 노쇠

앞서 설명한 대로 텔로미어는 세포분열을 할 때마다 길이가 짧아진다. 세포분열이 거듭되어 텔로미어 길이가 임계치에 도달하면, 위험 신호를 보내 세포가 더 이상 분열할 수 없도록 한다. 이를 DNA 손상 반응DNA damage response, DDR이라고 부른다. 텔로미어 길이가 점차 짧아져서 DNA에 담긴 유전자가 손상될 위험이 높아지면 잘못된 유전정보의 복제를 막기 위해 이루어지는 일종의 세포 방어기전이다. 이렇게 세포가 일정 수의 세포분열을 마친 후 텔로미어 길이가 짧아져 더 이상 분열하여 복제할 수 없는 상태가 되는 과정을 복제 노쇠라고 한다. 이때 나쁜 생활 습관에서 비롯된 활성산소나 만성염증 등은 텔로미어 길이의 단축을 가속시켜 복제 노쇠를 빠르게 한다. 반면 선천적으로 텔로미어 길이가 긴 사람들은 이 과정이 늦추어진다.

복제 노쇠에서 세포의 운명은 두 가지 길로 나뉜다. 첫 번째 길은 살아는 있지만 영원히 분열을 멈춘 세포, 즉 노화 세포가 되는 것이다. 복제 노쇠는 암세포나 이상세포의 출현을 막기 위해 필요한 과정이지만, 다른 한편으로 체내 노화 세포를 축적함으로써 신체 기능을 떨어뜨리고 체내 염증과 면역기능 저하, 각종 노화 관련 질환의 원인이 된다. 두 번째 길은 자살 신호가 보내져 세포가 스스로 죽는 것이다. 이를 세포자멸사 apoptosis라고 한다. 두 경로가 어떻게 결정되는지는 아직 상세히 밝혀지지 않았다.

최근 의학자들은 신체 노화를 촉진하는 노화 세포를 선택적으로 제거하거나 이들이 합성하고 분비하는 노화 촉진 물질들을 중화해 건강수명을 늘리고 질병을 예방하려는 노력을 기울이고 있다. 이 모든 과정에 텔로미어가 깊이 관여하고 있음은 분명하다. 텔로미어는 노화 세포의 생성은 물론, 신체 및 인지기능, 정서적 안정, 그 외 각종 노화 관련 질환들과 암의 발생, 그리고 수명과 밀접한 관련이 있음이 밝혀지고 있다.

텔로미어와 노화 관련 질환의 연관성

지금까지 발표된 많은 연구 결과에 따르면, 텔로미어 길이가 짧으면 신체 노화를 촉진하고 사망률을 높이며 암과 다양한 노화 관련 질환의 발생 위험이 증가한다. 사망률의 경우 60세 이상 성인 143명을 대상으로 한 연구에서 텔로미어 길이를 두 군으로 나누어 비교했을 때, 하위 2분의 1군은 상위 2분의 1군보다 전체 사망은 1.86배, 심장질환으로 인한 사망은 3.18배 높았다. 또한 네 군으로 나누면 하위 25퍼센트 군은 상위 25퍼센트 군보다 감염병으로 인한 사망이 8.54배나 높았다.[6] 또한 비교적 최근에 관상동맥질환 환자에게서 사망률을 비교한 전향적 연구를 보면 5년이 지난 시점에서 텔로미어 길이가 짧아진 사람의 사망률은 39퍼센트, 변화가 없는 사람은 22퍼센트, 길어진 사람의 경우 12퍼센트로 차이를 보였으며, 텔로미어 길이가 길어진 사람들은 변화가 없는 사람들에 비해 사망률이 56퍼센트 감소했다.[7]

노화 관련 질환으로는 동맥경화, 고혈압, 관상동맥질환 등의 심혈관질환과 뇌졸중, 치매, 파킨슨병, 제2형당뇨병 등이 텔로미어 길이가 짧을 때 발생이 증가한다.[8] 일례로 심혈관질환의 경우 서부 스코틀랜드 1차 예방연구West of Scotland Primary Study, WOSCOP[9]를 보면 텔로미어 길이를 4분위로 나누었을 때 가장 짧은 군에 속한 사람들은 가장 긴 군에 속한 사람들에 비해 관상동맥질환 발생이 44퍼센트 증가했다. 이탈리아에서 중년 이후 성인 800명을 대상으로 한 전향적 연구[10]에서도 텔로미어 길이에 따라 세 군으로 나누었을 때 가장 짧은 군에 속한 사람들이 가장 긴 사람들에 비해 심뇌혈관질환 발생 위험이 2.72배 증가했는데, 이는 실제 나이 13.9세에 해당하는 위험 요소 증가다.

또한 텔로미어 길이는 면역세포, 특히 T림프구에 영향을 주어 면역노쇠가 빨라지고 염증노화가 동반되며, 근감소증, 골다공증과 골관절염의 발생 위험이 높아진다. 예를 들어 림프구는 급성 감염이 있을 시 15~20회 정도 반복하여 증식하는데, 이 때문에 짧아지는 텔로미어 길이를 보상하기 위해 림프구에는 소실된 텔로미어의 염기서열을 합성하여 복원해주는 효소인 텔로머레이스telomerase가 제한적으로 활성화되어 있다. 하지만 외부 감염균에 자주 노출되거나 산화스트레스나 만성 염증을 일으키는 스트레스나 생활 습관이 지속되는 경우 텔로머레이스가 림프구의 텔로미어 단축을 충분히 보상해주지 못한다. 이 때문에 항원을 만난 적 없는 T세포(나이브 T세포naive T cell)와 세포독성 T세포(CD8+)가 줄어들어 면역노쇠의 원인이 된다. 즉 면역력도 텔로미어 길이와 직접적인 연관이 있는 셈이다.

이처럼 대다수 노화 관련 질환이 텔로미어의 길이와 관련이 있다. 텔로미어 길이가 짧아지면 노화 세포가 많아지고 이것이 신체 노화를 촉진해 각종 만성질환의 발생이 증가하기 때문이다. 실제로 텔로미어 길이가 짧아져 기능이 저하되는 현상은 1장에서 설명한 세포가 보내는 노화의 신호들과 밀접하게 연결되어 노화를 촉진시킨다. 텔로미어 길이가 짧아짐으로 인해 유전체의 불안정이 초래되고, 노화 세포 출현, 미토콘드리아 기능 저하, 줄기세포 소진 등이 나타난다.[11] 이 때문에 텔로미어를 연구하는 일부 학자들은 텔로미어 길이 감소가 신체 노화의 첫 출발이며 노화의 분자생물학적 변화 가운데 핵심 역할을 한다고 주장한다.

텔로미어 길이에 영향을 주는 요인들

텔로미어 길이는 유전과 환경적 요인에 영향을 받는다. 유전적 요인은 교정이 불가능한데, 지금까지의 연구를 종합해보면 유전적 요인은 약 36~82퍼센트 정도로 영향을 미친다.[12] 텔로미어 길이가 태어날 때부터 개인차가 큰 이유다. 하지만 텔로미어 길이의 단축은 유전적 영향보다 환경적 영향이 더 크다. 환경적 요인은 생활 습관, 흡연, 음주, 운동, 스트레스, 사회경제적 요인이 해당되므로 교정하면 텔로미어 길이가 급격히 짧아지는 것을 막을 수 있다. 또한 텔로미어의 길이 감소 속도는 어린 시절에 더 빠르고, 어른이 되면서 늦추어지기 때문에 청소년기 건강한 생활 습관과 신체 활동, 스트레스 관리가 중요하다.

유전적 요인

나이, 성별, 종족, 출생 당시 아버지의 나이, 유전적 변이 등은 교정 불가능한 유전적 요인에 속한다. 태어날 때 평균 11Kbp kilo base pair였던 텔로미어 길이가 노인이 되면 4Kbp로 줄어든다.* 하지만 텔로미어 길이에 대한 개인차가 커서 나이는 개인별 텔로미어 길이에 대해 약 10퍼센트 정도의 영향력만 있다.[13] 이는 세포분열 횟수 외에 유전과 환경적 요인이 크기 때문이다. 또한 75세 이상의 노인에게서는 나이가 많을수록 텔로미어 길이가 긴 것으로 나타나기도 하는데, 이는 텔로미어 길이가 긴 사람들이 장수하는 경향이 있기 때문으로 추측된다.[14]

성별로는 여성이 여성호르몬의 영향으로 남성보다 텔로미어가 더 길다. 이것이 여성이 남성보다 기대수명이 더 긴 이유 중 하나가 될 수 있다. 종족으로 보면 백인보다 흑인과 히스패닉계의 텔로미어 길이가 더 길다.[15] 그리고 특이하게 출생 당시 아버지의 나이가 많을수록 자녀의 텔로미어 길이가 더 길다.

---

* bp, 즉 base pair는 텔로미어 길이의 단위이며, 1bp는 뉴클레오티드 염기 1개, 그리고 1Kbp는 1000개를 말한다.

이 같은 예상 밖의 결과는 몇몇 후속 연구에서도 사실로 확인되고 있다.[16] 아직 정확한 이유는 알 수 없다.

한편 유전적으로 텔로머레이스에 변이가 있을 경우 어린 시절부터 텔로미어 길이가 빠른 속도로 단축된다. 이때 건강치 못한 생활 습관이 동반되면 텔로미어 길이가 급속히 짧아져 다양한 질병을 야기한다. 이를 텔로미어 증후군이라고 부르며 이때 악성빈혈, 특발성 폐섬유증, 선천성 각화부전증, 간경변, 위장관질환, 당뇨병, 심근경색증 등의 발생 위험이 증가한다.

환경적 요인

환경적 요인으로 가장 중요한 것은 산화스트레스다. DNA 염기 중 구아닌은 특히 활성산소에 취약하여 손상을 쉽게 받는다. 또한 텔로미어에는 손상된 DNA를 수선하는 효소가 부족하다. 이에 따라 텔로미어는 활성산소에 의해 쉽게 손상되고 길이가 짧아진다. 실제로 섬유아세포의 경우 1회 분열에 20~50개의 염기를 소실하지만 활성산소가 많은 환경에서는 이보다 약 10배 많은 500개의 염기가 소실된다. 또한 만성염증도 사이토카인의 공격으로 텔로미어 길이를 짧게 하는데, 활성산소가 핵인자 카파비NF-κB를 활성화해 사이토카인의 생성을 촉진하므로 산화스트레스와 텔로미어 길이는 밀접하게 연결되어 있다. 그 외 환경적 인자로서 신체 활동과 운동, 비만, 흡연, 음주, 스트레스와 우울증, 건강치 못한 식단 등이 있다.

이러한 환경적 요인들이 나이에 따른 자연 감소 이상으로 텔로미어 길이를 짧게 한다. 실제로 위험도가 낮은 전립선암 환자를 대상으로 한 연구에서 식물성 중심의 식단과, 중등도 강도의 운동, 스트레스 감소 등으로 건강한 생활 습관을 시행한 환자들은 5년 후에 텔로미어 길이가 약 10퍼센트 증가했으나 그렇지 않은 환자들은 3퍼센트 감소했다. 생활 습관의 중요성을 알려주는 연구다.[17]

운동이 텔로미어 길이에 미치는 영향은 지금까지 가장 많이 연구된 분야다. 최근 43개의 연구를 메타 분석한 자료를 보면 중등도 및 고강도의 지구력 운동은 텔로미어 길이 유지에 분명한 도움을 준다.[18] 뿐만 아니라 중년 성인에서 3~6개월간의 운동은 텔로머레이스의 발현을 높여준다. 이러한 효과는 노년에 더 잘 나타난다. 다만 텔로미어 건강을 위하여 적절한 운동의 시간, 강도, 종류들에 대한 정보를 얻으려면 더 많은 연구가 필요하다.

비만은 비만세포에서 분비되는 사이토카인 등의 각종 물질이 만성염증과 산화스트레스의 원인으로 작용하기 때문에 텔로미어 길이 단축을 빠르게 한다. 한 연구에서 체질량지수가 30 이상인 여성은 체질량지수가 20 이하인 여성에 비해 텔로미어 길이가 240bp나 더 짧았는데 이를 나이로 환산하면 약 8.9년에 해당한다. 반면 체중을 감량하면 텔로미어 길이가 증가한다.[19]

흡연을 하면 담배 연기 속에 있는 수천 종의 발암물질과 자유라디칼이 텔로미어 길이를 단축시킨다. 실제로 텔로미어 길이는 흡연량에 비례하여 짧아지는데, 흡연량 1갑연(하루에 1갑씩 1년간의 흡연량)마다 길이가 5bp씩 짧아진다.[20] 또한 알코올 남용자는 대조군에 비해 텔로미어 길이가 절반에 불과했고, 하루에 술을 4잔 이상 마시는 사람은 4잔 이하로 마시는 사람에 비해 텔로미어 길이가 21퍼센트나 짧았다.[21]

스트레스는 텔로미어 길이와 밀접한 관계가 있다. 만성적인 스트레스와 우울증은 질병의 정도와 기간에 비례하여 텔로미어 길이에 영향을 미친다. 또한 신생아의 텔로미어 길이는 어머니가 임신 중 받은 스트레스에 비례하여 짧아진다. 그리고 어린 시절 받은 폭력이나 돌봄의 부족 등에 의한 스트레스는 당시는 물론 성인이 되어서도 텔로미어 길이에 악영향을 미친다. 성인에서도 가족 내 폭력, 심한 우울증, 그리고 가족 내 환자의 간병 기간이 길수록 비례하여 텔로미어의 길이가 짧아진다.[22, 23] 원인은 분명치 않으나 스트레스호르몬으로 알려진 부신피질호르몬이 텔로미어 길이를 짧게 하기 때문일 것으로 추측된다.

영양소와 식생활 습관

영양소를 충분히 섭취하는 사람들은 그렇지 않은 사람들에 비해 텔로미어 길이가 길다. 엽산과 비타민B12는 DNA 메칠화와 생합성에 필요한 영양소일 뿐만 아니라 항산화 작용이 있어 텔로미어 길이에 긍정적인 영향을 미친다. 그 외 비타민A와 비타민D, 비타민C, 그리고 비타민E 등도 텔로미어 길이와 관련이 있다. 또한 마그네슘, 아연은 DNA 복제에 필요한 DNA 중합효소의 작용에 필요한 무기질이기 때문에 텔로미어 길이 유지에 도움을 준다.[24] 그 외 오메가3지방산이 많은 채식 위주의 식단이 텔로머레이스 농도를 높인다.

단기간의 집중적 생활 습관 개선은 텔로머레이스 생성을 증가시키기도 한다. 위험도가 낮은 전립선암 환자 30명을 대상으로 저지방, 저탄수화물 식이, 그리고 채소와 과일이 많고 콩류와 전곡류 위주의 식단과 함께 중등도 운동, 요가나 심호흡법 등의 이완 요법을 3개월 실시했을 때 텔로머레이스 농도가 유의하게 증가했다.[25] 그리고 메타분석 연구에 따르면 평소 지중해식 식사를 하는 습관은 텔로미어 길이를 길게 하는 것으로 나타났다.[26]

텔로미어 길이 측정과 생체나이, 건강상태 확인

그렇다면 텔로미어 길이로 나의 생체나이와 건강상태를

알 수 있을까? 텔로미어 길이가 과거 세포분열의 횟수를 대변해주는 표지자일 뿐만 아니라 건강과 장수에 영향을 주는 것은 분명한 사실이지만, 아직 생체나이 표지자로 널리 사용되지는 않는다. 그 이유는 텔로미어 길이가 정상인에서 개인별로 큰 차이를 보일 뿐만 아니라 측정에 사용된 검사법이나 조직에 따라 큰 차이를 보이기 때문이다. 즉 일반인들의 건강 표지자로 사용되려면 검사 방법의 표준화와 대규모 연구에서 얻은 자료가 필요하다. 게다가 지금까지 대부분의 연구에서 사용된 방법들은 텔로미어 길이의 평균값을 알려주는데, 세포노화는 가장 짧은 텔로미어 길이에 의해 결정되기 때문에 검사 목적에 따라 최적인 검사법이 무엇인지 알아야 한다. 요컨대 텔로미어 길이를 건강 증진의 목적으로 사용하려면 보다 많은 연구와 자료가 필요하다고 할 수 있다.

텔로미어 길이는 다양한 조직과 세포에서 측정할 수 있지만 대부분의 연구에서는 말초 혈액의 백혈구에서 얻은 DNA를 이용하여 측정한다. 하지만 비교적 최근에 개발된 검사 방법인 TeSLATelomere Shortest Length Assay는 길이가 짧은 텔로미어의 양까지도 측정할 수 있어 보다 유용한 정보를 줄 것으로 기대되고 있다.[27] 향후 텔로미어 길이의 측정은 어떤 시기에 단면적인 건강 위험이나 생체나이를 알려주는 것은 물론 생활 습관 개선이나 건강 증진을 위한 노력들이 얼마나 효과가 있는지 알려주는 지표로 활용될 수 있을 것이다.

텔로미어 길이를 늘이는 시도는 장수에 도움이 될까?

헤이플릭 한계에도 불구하고 우리 신체에는 세포분열이 끊임 없이 일어날 필요가 있는 세포들이 있다. 난자와 정자 등의 생식세포는 물론이고 줄기세포가 그러하다. 조혈모세포는 끊임 없이 분열하여 백혈구나 적혈구 등의 혈액세포를 생성해야 하기 때문이다. 피부의 각질 형성 세포와 자궁내막 세포도 마찬가지다. 이들 세포가 끊임없이 분열할 수 있는 이유는 이들 세포 내에 텔로머레이스가 활성화되어 있기 때문이다.

텔로머레이스는 소실된 텔로미어의 염기서열을 합성하여 복원해주는 효소이며, 텔로머레이스 역전사효소와 텔로머레이스 RNA로 구성되어 있다. 텔로머레이스는 자신의 RNA 염기서열을 템플릿으로 활용하여 DNA 염기를 만들어 텔로미어의 길이가 늘어나게 한다. 이들은 유전자에 의해 발현되는데, 대부분의 체세포에는 텔로머레이스 역전사효소의 발현이 억제되어 있어 거의 검출되지 않는다. 하지만 특정 바이러스로 유전자를 조작하거나 특정 물질로 텔로머레이스를 활성화해 헤이플릭 한계를 넘어 세포를 계속 분열시킬 수 있다.

그렇다면 텔로머레이스를 활성화하는 방법으로 노화를 늦추고 노화 관련 질병을 치료하거나 예방하고자 하는 노력을 진행할 수 있지 않을까? 실제로 많은 의학자들이 큰 관심과 기대를 갖고 있었고 일부 벤처 회사에서 관련 약제도 특허출원을 했지만 이에 대한 전문가들의 평가는 엇갈린다. 무엇보다 암 발생의 위험이 따르기 때문이다. 암세포는 생성되고, 주변 조직을 침범하고, 전이되는 단계마다 복잡한 과정을 거치지만 우선 헤이플릭 한계를 넘어서는 수단이 있어야 한다. 이때 텔로머레이스를 이용한다. 약 90퍼센트의 암세포는 활성화된 텔로머레이스를 매우 많이 생성한다.[28] 따라서 암을 예방하기 위해서는 텔로머레이스가 억제되어야 한다. 바꿔 생각하면 노화는 암을 예방하기 위한 우리 몸의 방어 수단일 수도 있는 것이다. 즉 노화와 암은 맞버팀 다형질발현의 예라고 볼 수도 있다. 따라서 안전과 효과 검증을 위해 앞으로도 많은 임상 연구가 필요하다. 현재 각종 암, 심혈관질환, 노화 등에 대한 표적치료로 텔로머레이스에 대한 연구가 활발히 진행되고 있다.[29]

텔로머레이스를 활성화할 수 있는 성분으로 알려진 것 중에는 황기Astragalus membranaceus에서 추출된 물질인 사이클로아스트라제놀Cycloastragenol, CAG이 있다.[30] 미국 소재 생물의약품 제조회사인 제론이 이 물질을 특허 출원한 후 TA-65라는 약제를 만들어 시중에서 판매 중이다. 이 물질은 트레테노이드 사포닌trierpenoid saponin에 속하며 인삼의 진세노사이드ginsenoside도 이 계열 물질에 속한다. 관련 연구는 적은 수의 사람을 대상으로 한 임상 연구에서 TA-65를 투여했을 때 텔로미어 길이가 늘어났고 지질 및 대사 지표가 호전되었음을 보고했다.[31, 32] 하지만 사람을 대상으로 한 연구 대상이 적고 효과와 부작용에 대한 장기간의 객관적인 평가가 부족하다. 특히 이 물질의 분자생물학적 경로(JAK/STAT와 ERK/MAPK)는 세포의 성장과 관련이 있으므로 암의 발생이나 신체 노화 등에서 안전성을 검증할 만한 연구 결과가 더 필요하다.

이처럼 최근 유전자조작이나 텔로머레이스를 활성화시킬 수 있는 약제로 텔로미어 길이를 늘이려는 시도가 이루어지고 있다. 분명 텔로미어 길이가 세포 노화나 다양한 만성질환의 병인과 관련이 있기 때문에 텔로미어 길이를 늘이려는 시도는 매우 흥미로운 분야임이 틀림없다. 다만 사이클로아스트라제놀의 경우에서 언급했듯 좀 더 명확한 결론을 얻으려면 보다 많은 연구와 데이터가 필요하다.

따라서 현 단계에서 텔로미어 길이를 적절히 유지하여 노화 방지 및 만성질환 예방의 효과를 얻으려면 운동, 체중 관리, 스트레스 관리, 금연, 절주 등의 건강한 생활 습관과 영양소가 풍성한 건강한 식단이 우선적으로 추천되어야 한다.

5장

신경내분비 이론과
노화 방지 호르몬

호르몬은 30조 개에 달하는 우리 몸 세포의 생리적 기능을 유지하고 조절해주는 역할을 한다. 뿐만 아니라 각 기관과 조직을 연결하여 에너지대사, 수면, 생식과 발육, 정서 및 행동 조절 등 우리가 살아가는 데 필요한 모든 생명현상을 관장한다. 이 때문에 호르몬은 매우 적은 양이 분비되지만 미세한 조정을 거쳐 항상성을 유지할 수 있도록 엄격하게 통제되어야 한다. 이러한 역할을 하는 곳이 바로 시상하부hypothalamus다. 시상하부는 주요 감각계의 통합 중추인 시상thalamus 바로 밑에 위치하며 자율신경계를 총괄하는 중추다. 뇌하수체와 함께 신체의 모든 호르몬 분비를 관장한다.

그런데 나이가 들면서 일생 중 어느 시점에 이르면 호르몬 분비가 적어진다. 가령 여성호르몬의 분비가 급격히 저하되어 폐경이 되고 또한 남성호르몬도 떨어져 갱년기를 맞이한다. 마치 시상하부에 생체시계라도 있는 것처럼 모든 사람이 해당된다. 이러한 현상을 바탕으로 러시아의 의학자 블라디미르 딜만Владимир Дильман은 시상하부-뇌하수체축의 기능부전이 신체 노화의 원인이 된다고 처음으로 주장했다. 이를 신경내분비 이론이라고 한다.[1] 나이가 듦에 따라 근육과 뼈를 만들고 단단히 하는 합성대사호르몬이 부족해지고 근육이나 이를 분해하는 분해대사(노화)호르몬이 많아져 불균형을 초래하는 것이 신체 노화의 원인이 된다는 것이다(그림 5-1).

이 가설에 따르면 합성대사호르몬을 보충해주고 노화호르몬을 낮춰주는 것이 노화를 방지하기 위한 치료법이 될 수 있다. 실제로 일부 연구에서는 성장호르몬, 성호르몬, DHEAdehydroepiandrosterone와 멜라토닌이 골밀도 증가, 근육량 증가, 인지기능 향상, 면역력 상승, 항산화 효과, 수면장애 개선 등에 효과가 있다고 확인되었다. 하지만 폐경기 여성에게 혈관 건강과 인지기능 개선, 골다공증 예방, 그리고 정서적 안정과 건강감 등의 목적으로 흔히 사용되던 여성호르몬 보충 요

그림 5-1 호르몬 불균형과 노화

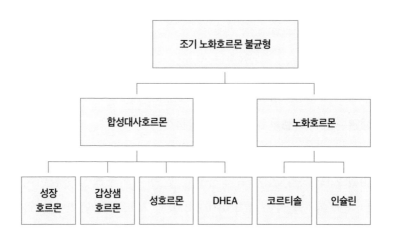

법이 대규모 임상 연구 결과[2] 유방암과 자궁내막암, 혈전 등의
부작용이 우려되는 것으로 나타났다. 현재는 여성호르몬 부족
으로 인한 갱년기 증상 완화 목적으로 보충 요법을 사용하도
록 권고되고 있다. 또한 성장호르몬 부족이 신체 노화의 주된
원인으로 생각되어 1990년대부터 많은 기대를 모았던 성장호
르몬 보충 요법도 뇌하수체 병변이 없는 정상 노인에게는 권
고되지 않고 있다. 반면 멜라토닌의 경우 강력한 항산화 기능
과 함께 면역 조절 기능, 미토콘드리아 기능 개선 효과 등이 최
근 새롭게 조명되며 기대를 모으고 있다.

　이 장에서는 과거 노화 방지 호르몬이라고 알려졌던 성장호르몬과 DHEA의 허와 실을 간략히 소개한 후 멜라토닌과 관련하여 기대되는 건강 증진과 노화 방지 효과에 대해 알아보겠다.

성인도 성장호르몬 보충이 필요할까?

성장호르몬은 시상하부의 통제를 받아 뇌하수체에서 분비되는 호르몬으로, 191개의 아미노산으로 구성되어 있어 소화기관에서 분해되기 때문에 반드시 주사로 맞아야 한다. 성장호르몬은 단백질 합성과 골 대사에 작용하여 근육량과 골량을 증가시키고, 지방의 분해를 촉진하며, 뇌 기능과 혈관 기능, 신장 기능을 향상시킨다.

성장호르몬이 간을 자극하면 IGF-1이 만들어지는데, 이는 세포의 증식과 발육에 관여하는 성장촉진인자다. 역학조사에 의하면 IGF-1이 높을수록 혈관 기능이 좋고, 인지기능과도 관련되는 것으로 나타났다. 성장호르몬은 밤에 잘 때만 물결치듯 분비되기 때문에 약물 유발 검사를 통해 성장호르몬 결핍증을 진단한다. 반면 IGF-1은 비교적 일정하게 혈중농도가 유지되기 때문에 성장호르몬의 상태를 평가할 때 혈액 내 농도를 측정한다.

성인에게서 성장호르몬의 역할은 비교적 최근에 알려졌다. 과거에는 뇌하수체저하증으로 성장호르몬이 부족한 성인에게 성장호르몬을 보충하지 않았다. 성장과 발육이 끝난 성인에게는 성장호르몬 보충이 필요치 않다고 생각했을 뿐 아니라, 사람의 뇌하수체에서 직접 채취한 성장호르몬을 사용해야 했기 때문에 양도 적고, 인간 광우병이라고 불리는 크로이츠펠트·야코프병의 위험이 있었기 때문이다. 1985년 유전자 재조합 성장호르몬이 개발된 후부터 성인 뇌하수체저하증 환자에게 성장호르몬을 사용할 수 있게 되었다. 성장호르몬을 투여받은 환자들은 체지방 감소, 근육량 및 근력 증가, 운동력 증가, 고지혈증 개선과 함께 삶의 질이 높아졌다. 즉 젊은 체형으로 바뀌고 건강감도 높아진 것이다.

성장호르몬은 20대 때부터 감소하기 시작하여 10년에 약 14퍼센트씩 분비가 감소하고,[3] 60대가 되면 대부분의 노인에게서 성장호르몬 결핍 환자와 구별하기 어려울 정도로 분비가 저하된다.[4] 뿐만 아니라 정상 노화 과정에서 나타나는 신체적, 정신적 변화는 성인의 성장호르몬 결핍증 증상과 매우 흡사하다. 이에 따라 1990년대부터 성장호르몬의 노화 방지 효과에 대한 관심과 기대가 높아졌고 이에 대한 다양한 연구들이 시행되었다.

1990년에 데비 러드먼Debbie Rudman 등이 처음으로 정상 노인에게 성장호르몬을 투여했을 때의 효과를 발표했다.[5] 60세 이상의 성인(21명)에게 성장호르몬을 6개월간 투여하자, 제지방량(근육과 뼈의 무게)이 3.7킬로그램(8.8퍼센트) 증가했고 체지방량은 2.4킬로그램(14.4퍼센트) 감소했으며 그 외 골량과 피부 두께가 증가했다. 이를 두고 러드먼 등은 약 10~20년 젊은 나이에 해당하는 체성분의 변화라고 설명했다. 이후 마크 블랙먼Marc Blackman 등도 65세 이상 정상 노인 131명을 대상으로 성장호르몬과 성호르몬을 투여하여 체성분과 심폐기능의 변화를 알아보았다.[6] 성장호르몬과 함께 남성 혹은 여성 호르몬을 함께 사용한 군이 가장 효과가 좋았는데, 남성에게서는 제지방량이 8.2퍼센트 증가했고 체지방량이 20.1퍼센트 감소했으며, 여성에게서는 제지방량이 5.7퍼센트 증가했고 체지방량이 9.3퍼센트 감소했다. 즉 성장호르몬과 성호르몬 치료는 체지방을 선택적으로 감소시키고 근육과 골량을 증가시킴으로써 젊은 체형으로 바뀌게 한다. 그 외 몇몇 다른 연구들도 비슷한 결과를 보인다. 이러한 결과는 매우 긍정적이라 할 수 있다. 하지만 건강 증진을 목적으로 뇌하수체 병변이 없는 정상인에게 성장호르몬을 사용하는 것은 추천되지 않는다. 그것은 비교적 높은 비율로 나타나는 부작용과 비용·효과적인 문제 때문이다.

블랙먼 등의 연구에서 성장호르몬을 투여한 집단 가운데

부종(39퍼센트), 손목터널증후군(32퍼센트), 관절통(41퍼센트), 그리고 당뇨병 또는 내당능*장애(1.4퍼센트) 등의 부작용이 나타났다.[7] 더욱이 성장호르몬의 효과도 치료 기간에만 유지되며 약값이 비싼 것이 성장호르몬 투여의 이득을 상쇄한다. 또한 역학조사에서 IGF-1이 높을 때 유방암 및 전립선암의 발생 위험이 높게 나타나므로 장기 치료 시 암과 당뇨병의 발생 위험에 대한 평가가 필요하다.

결론적으로 말하자면, 성장호르몬이 근육량과 근력을 향상시키고 활력과 삶의 질을 높인다는 연구 결과는 있지만, 부작용이 비교적 흔히 나타난다는 점과 치료 중단 후 효과가 지속되지 않는다는 점, 그리고 비싼 약값을 고려할 때, 일반인에게 노화 방지 목적으로 추천되기 어렵다. 성인에게 성장호르몬 치료를 적용하기 위해서는 대상 선정과 치료 후 얻어지는 이득과 위해, 그리고 부작용 등에 대한 검증이 선행되어야 한다. 현재 미국 식품의약국, 우리나라 식품의약품안전처에서는 뇌하수체 병변이 확인된 환자들에게 사용이 허가되어 있다.

* 신체에서 포도당을 대사하는 능력.

건강의 지표, DHEA

DHEA는 콜레스테롤을 재료로 하여 부신피질에서 합성되는 호르몬으로, 성호르몬이 만들어지는 과정에서 중간 단계의 물질이다. 즉 최종적으로는 남성호르몬을 거쳐 여성호르몬으로 바뀌기 때문에 안드로겐 호르몬으로 분류된다.

DHEA는 우리 몸에서 가장 많은 양을 차지하는 호르몬인데, 사춘기부터 혈중농도가 급속히 증가하여 20대에 최고조에 달한다. 그 후 10년마다 약 10퍼센트씩 급격히 감소하여 70~80세에 이르면 최고치의 약 10~20퍼센트 정도로 줄어든다. 특히 심혈관질환, 암, 류머티즘관절염, 근육량 감소, 제2형 당뇨병, 고혈압 등의 만성질환이 있을 때 혈중농도가 낮다.[8]

또한 노인에게서 DHEA 혈중농도는 독립적인 생활 유지와 정서적 안정과 연관이 있으며 일부 연구에서는 사망률 및 수명과도 관련이 있는 것으로 나타났다.[9] 실제로 식이 제한을 한 원숭이에서 DHEA 농도가 상승하고, 남성을 대상으로 한 장기간의 볼티모어 노화 연구에서도 DHEA 농도가 높은 사람들이 장수하는 것으로 드러났다.[10] 이 때문에 DHEA는 전반적인 건강상태를 나타내주는 지표로 활용되어 생체나이 측정에 사용되기도 한다.

그럼에도 아직은 DHEA의 역할과 기능이 분명치 않다.

그림 5-2 연령에 따른 DHEA의 혈중농도 변화

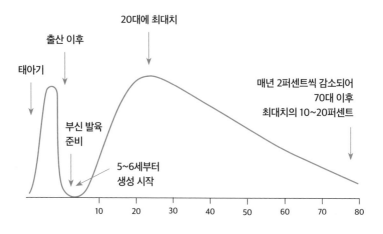

DHEA는 다른 호르몬들과 달리 세포에 수용체가 없다. 이는 곧 DHEA가 세포에 직접 작용하지 않는다는 뜻이다. 또한 호르몬 수치가 정상 범위 내로 엄격하게 유지되는 것도 아니다. 따라서 지금까지 DHEA는 어떤 직접적인 역할보다는 성호르몬의 중간물질로서 역할만 수행한다고 생각했다. 신체 각 부분에 성호르몬을 직접 보내는 것보다 중간물질을 보내 필요한 조직에서 바꾸어 사용하는 것이 훨씬 안전하기 때문이다. 그런데 일부 연구에서 DHEA가 중추신경계, 근육, 지방, 골조직에서 여러 작용을 하고 있음이 밝혀지면서 DHEA에 대한 관심이 높아졌고 많은 연구들이 시행되었다.

DHEA 보충의 효과

일각에서 건강과 노화 방지를 위한 슈퍼 호르몬으로 알려질 정도로 DHEA에 대한 세간의 관심이 높다. 그만큼 DHEA를 보충했을 때 임상 효과를 알아보는 연구는 다른 호르몬들에 비해 많은 편이다. 특히 외국의 경우 의사의 처방 없이 살 수 있는 약물로 일반 대중의 관심이 높아 최근까지도 질 높은 연구들이 이루어지고 있다.

많은 연구들이 상반된 결과를 보이고 있어 여전히 논란이 존재하고 보다 많은 연구가 필요하긴 하나, 고령자나 폐경 전후 여성에게서 정서적 안정감이나 성기능 개선, 삶의 질 개선, 면역기능 개선, 심혈관 위험 감소(남성) 등의 효과가 있는 것으로 보고되고 있다. 각 부분을 간략히 소개하면 다음과 같다.

정서 안정과 건강감

DHEA는 중추신경계에 신경 흥분을 조절하는 감마아미노뷰티르산GABA를 억제하고 학습과 기억에 관여하는 NMDA 수용체를 활성화하는 역할을 한다. 역학조사상 중년 이상의 남녀에게서 혈중 DHEA 농도와 우울증 또한 건강감과 관련 있음이 보고되었다. 이 때문에 DHEA 보충이 정서 안정과 정신적 건강감에 도움을 줄 것이라는 기대가 있었다. 실제로 일부 연구에서는 우울증 환자와 정서장애 환자를 대상으로 한 단기간 DHEA 투여가 기분과 건강감, 수면의 질이 좋아지게 한다고 보고한다. 부신기능 장애가 있는 고령자에서 이러한 효과가 크게 나타났다. 하지만 대부분 적은 수의 연구이기 때문에 확실한 결론을 내기는 어렵다.

인지와 기억력

일부 역학조사에서 DHEA 농도가 낮으면 알츠하이머치매 혹은 경도 인지장애의 발생 위험이 증가하는 것으로 나타났다. 또한 동물실험에서 베타아밀로이드$_{\beta\text{-amyloid}}$를 뇌에 주입하여 만든 치매 쥐에서 DHEA는 인지기능의 저하를 감소시키는 효과가 있었다. 하지만 사람을 대상으로 효과가 확실히 검증되지는 않았기 때문에 향후 보다 많은 연구가 필요하다.

성기능

혈중 DHEA는 성호르몬으로 바뀌기 때문에 DHEA 농도가 낮은 여성은 폐경 전후에 성욕, 성적 민감도, 오르가슴 등 성기능에 부정적인 영향을 미친다. 성기능장애가 있는 폐경 전 여성에게 DHEA 복용은 성기능 향상에 긍정적인 영향을 미친다. 폐경 여성도 DHEA 농도가 낮으면 리비도가 감소했지만 DHEA 복용에 대한 효과는 불확실했다. 남성의 경우는 여성과 같은 효과가 덜 나타나는데 그 이유는 보다 강력한 남성호르몬의 영향을 받기 때문이다. 그러나 남성 노인들을 대상으로 한 연구에서 매일 50밀리그램의 DHEA를 복용했을 때 발기부전에 효과가 있는 것으로 보고된 바 있다.

심혈관계 효과

동물실험에서 DHEA의 심혈관 효과는 잘 밝혀져 있지만 사람을 대상으로 한 연구는 많지 않다. 비교적 최근 2400명의 노인을 대상으로 5년간 추적한 연구를 보면 혈중 DHEA 농도가 심혈관질환의 발생과 관련이 있었으며 DHEA가 1표준편차씩 높을 때마다 심혈관질환 발생 위험이 18퍼센트씩 감소했다.[11] 또 다른 연구에서는 50~79세 남자를 12년 동안 추적한 결과 DHEA 농도가 낮을수록 심혈관질환으로 인한 사망률이 높아졌다.[12] 또한 폐경기 여성에 대해서도 이러한 사실이 확인되었다.

면역기능

사람에서 혈중 DHEA 농도와 면역세포가 상관성이 있으며 또한 DHEA는 T세포에 작용하여 사이토카인을 더 많이 생산하도록 한다. 따라서 DHEA 보충 요법이 나이가 듦에 따라 저하되는 면역기능을 되살리는 기능이 있다고 기대해볼 수 있다. 실제로 60세 이상 노인들에게 20주 동안 DHEA를 50밀리그램 투여했을 때 B세포, 단핵구, NK세포의 수와 T세포와 인터류킨-2의 수용체가 증가했다.[13] 노인의 예방접종에서 항체 생성을 높이기 위해 DHEA를 사용할 수 있지만 그 효과에 대해서는 아직 이견이 많다.

근력과 체성분

나이가 들면서 신체에 이화작용이 동화작용보다 우세하게 나타남에 따라 제지방이 감소하고 체지방이 증가한다. 이것은 주로 성호르몬과 DHEA의 감소가 중요한 원인이다. 실제로 폐경 여성에게서 DHEA와 남성호르몬은 근력 및 복부비만과 관련이 있다. DHEA가 저하된 여성에게 50밀리그램을 보충해주었을 때 복강 내 지방과 피하지방, 그리고 인슐린 민감도가 개선되었다는 연구 보고가 있다.[14]

골 대사

성호르몬은 골재 형성에 관여하여 골다공증을 예방한다. 따라서 DHEA도 골 대사에 관련된 효과가 있을 것으로 생각할 수 있다. 폐경기 여성을 대상으로 한 연구들에서 DHEA 보충이 골밀도를 증가시켜 골 건강에 도움이 되는 것으로 나타났다. 하지만 그 효과는 크지 않기 때문에 골다공증 치료 약제로 사용하기는 어렵다.

DHEA 보충의 주의점

그렇다면 노년의 건강 증진과 질병 예방을 위해 DHEA를 복용하는 것이 좋을까? 지금까지 연구 결과들로 볼 때 건강한 노인의 경우 필요치 않다. 하지만 부신기능 저하가 있거나 스테로이드를 장기간 복용한 경우, 또한 만성피로와 면역력 저하, 정서적 불안 및 우울 장애, 그리고 폐경 후 성기능장애가 나타나는 사람들은 혈중 DHEA-s 농도를 측정해보는 편이 좋다.[15, 16] 이때 수치가 50μg/dℓ 이하로 감소되어 있다면 보충을 고려한다. 대부분의 경우 하루에 약 25~50밀리그램을 복용하면 젊은 성인의 정상 범위에 속하는 혈중 DHEA 농도를 유지할 수 있다. 남성이라면 보다 많은 양이 필요할 수도 있다. 25~50밀리그램 정도의 저용량에서 심각한 부작용은 거의 없다.

다만 최근 연구에서 DHEA 혈중농도와 사망률과의 관련성이 J 곡선을 나타낸다고 보고했다. 이에 따르면 DHEA의 혈중농도 중간값(남성 184.1μg/dℓ; 여성 134.7μg/dℓ) 이상일 때 보충 요법은 오히려 해가 될 수 있으므로 주의를 요한다.[17] 흔히 볼 수 있는 부작용은 피지가 증가하고 여드름이 나는 것이며,

DHEA 복용을 중단하면 없어진다. 하지만 DHEA는 성호르몬으로 변환되기 때문에 과거 유방암, 전립선암, 자궁내막암 등 호르몬 관련 암의 병력이 있는 사람들에게는 사용하지 말아야 한다.

최근 폴란드 갱년기학회 전문가 집단에서 발표한 DHEA의 사용 권고안은 다음 표와 같다.[18]

표 5-1 DHEA 사용에 대한 폴란드 갱년기학회의 사용 지침

효과가 검증된 적응증	일 사용 권고 용량
부신기능 저하로 글루코코르티코이드를 장기간 복용한 경우	25~50㎎, 경구용
골다공증 혹은 골밀도 감소가 있는 폐경기 여성	25~50㎎, 필요시 100㎎까지 증량, 경구용
성기능장애 및 리비도 저하가 있는 폐경기 여성	75㎎, 경구용
폐경기에 외음질 위축/ 비뇨생식기 장애가 있는 폐경기 여성	3.25~23.4㎎, 질 사용
효과가 기대되는 적응증	일 사용 권고 용량
성욕감소장애가 있는 폐경기 여성	10~50㎎, 필요시 450㎎까지 서서히 증량, 경구용
난소기능 저하가 있는 불임 여성	75㎎, 경구용
우울과 불안증이 있는 여성	30~60㎎, 필요시 450㎎까지 서서히 증량, 경구용
비만과 인슐린 저항이 있는 여성	25~50㎎, 필요시 100㎎까지 증량, 경구용

밤의 호르몬 멜라토닌

멜라토닌은 우리가 깜깜한 밤에 자는 동안 뇌의 송과선에서 만들어지는 호르몬이다. 망막에 빛이 들어오면 망막신경절세포가 이를 즉시 감각하고 시신경을 통해 시상하부의 시교차상핵으로 멜라토닌 분비 억제 신호를 보낸다. 이것이 교감신경 경로를 거쳐 송과선에 전달되면 멜라토닌의 생성이 즉시 멈춘다. 깜깜한 밤에는 억제 신호가 없으므로 송과선에서 멜라토닌이 만들어지는 것이다. 그런데 빛을 잠시만 비춰도 멜라토닌 생성이 바로 멈추며, 이러한 효과는 텔레비전이나 스마트기기에서 방출되는 블루라이트에 노출됐을 때 강하게 나타난다.[19] 일부 의학자들은 최근 청소년 비만과 대사증후군이 많은 이유도 야간에 인공조명 아래서 밤과 낮을 바꾸어 공부하고 일하는 젊은이들의 생활 습관 때문이라고 주장하기도 한다.

멜라토닌의 혈중농도는 밤과 낮의 차이가 약 10~15배 정도로 분명한 일중 변화를 보인다. 밤 동안의 농도는 5~10세에서 가장 높아 정점을 이루며 그 후 점차 감소한다. 특히 50대 이후부터 현저히 감소하다가, 70세 이상 노인 가운데는 멜라토닌 분비가 밤과 낮의 차이가 없는 경우도 있다.[20] 숙면을 취하지 못하는 노인들에게 수면제보다는 멜라토닌이 우선적으

로 추천되는 이유다. 최근에는 멜라토닌이 송과선뿐 아니라
망막, 면역세포, 골수, 흉선, 장臟, 세포 내 미토콘드리아에서도
생성되는 것으로도 밝혀지고 있다.[21]

멜라토닌의 역할과 기능

멜라토닌은 사람을 비롯하여 모든 동식물, 그리고 단세포생물
에서도 생성되는 물질이다. 아마도 약 25억 년 전 호기성세균
이 처음으로 지구상에 나타났을 때, 산소를 이용하여 에너지
를 얻는 과정에서 발생하는 활성산소를 중화하기 위해 생성된
데서 기원했을 것이라고 추정된다. 그 후 척추동물에서 멜라
토닌은 빛에 따라 생성이 조절되며 밤과 낮, 그리고 계절의 변
화에 따라 섭식과 에너지대사, 임신과 출산, 겨울잠 등의 생체
주기를 만들어주는 중요한 역할을 한다.

따라서 멜라토닌의 중요한 역할은 강력한 항산화 작용으
로 신체조직이 활성산소에 의해 손상되는 것을 막아주고, 또
한 일日주기, 또는 연年주기의 생체리듬을 만들어 외부 환경 변
화에 적절히 대응하는 것이다.[22] 그 외 이와 관련하여 항염, 면
역 조절, 항혈전, 미토콘드리아 보호, 암 예방, 에너지대사 조
절 등 매우 다양한 작용을 함께 수행한다. 이 고대 물질이 오늘

날, 특히 지난 20여 년 동안 많은 연구를 통해 이제껏 숨겨졌던 기능들이 새롭게 조명되고 있다. 이에 따라 최근 들어 노화방지와 건강 증진을 위해 주목해야 할 호르몬으로 멜라토닌이 주목받고 있다. 중요한 기능을 간략히 설명하면 다음과 같다.

일주기 리듬 생성

지구상의 모든 생명체는 태양의 주기에 맞추어 생체리듬을 동기화하며 살아간다. 가령 인간은 활동적으로 일해야 하는 낮에는 부신피질호르몬이 분비되어 체온이 상승하고 에너지대사를 활발히 하여 최고의 집중력과 활력으로 지내다가 밤이 되면 대사 활동을 줄이고 면역력을 강화하며 체내 항산화물질의 생성을 증가시켜 대사 활동으로 쌓였던 피로물질들은 분해하고 제거한다. 이를 생체의 일주기 변화라고 한다.

뇌의 시교차상핵에 있는 시계 유전자가 일주기 변화를 총괄하며 취침과 기상의 주기와 이에 따른 생체리듬을 태양과 동기화해준다. 이에 따라 심장, 간, 근육, 콩팥 등 말초 기관도 밤과 낮에 따라 일을 조절한다.[23] 이렇게 우리 몸의 모든 세포 기능은 밤과 낮에 따라 반복적으로 진동하듯 리듬을 타고 활동한다. 즉 에너지대사, 면역기능, 심장 및 신장 기능, 영양소 흡수, 지방 축적과 분해, 인슐린 분비 등의 활동이 밤과 낮에 따라 다르다.

우리가 건강하고 활력 있게 지내려면 우리 몸의 생체시계와 태양시계가 잘 맞게 동기화되어야 한다. 만일 동기화가 깨진다면 스트레스, 불안, 우울증 등의 정서장애와 심혈관질환으로 협심증, 심근경색, 고혈압의 발생 위험이 높아지고, 소화불량, 속쓰림, 복통 등의 소화기계 증상과 함께 불면증, 렘수면 저하 만성피로감, 암 등의 발생 위험이 증가한다. 밤과 낮이 바뀌어 일을 하는 근무자에게 지질대사 장애, 당대사 장애, 염증 표지자의 상승, 비만과 당뇨병, 고혈압, 암의 발생이 증가하는 이유다.[24, 25] 멜라토닌은 송과선에서 분비되는 즉시 셋째뇌실과 뇌척수액을 거쳐 시교차상핵으로 전달되어 일주기 리듬이 잘 유지되도록 돕는 역할을 한다.

다양한 항산화 작용

멜라토닌이 항산화 작용을 한다는 것은 수십 년 전부터 알려져 있었지만, 최근 들어 그 역할이 새롭게 조명되고 있다. 멜라토닌은 고대부터 지금까지 유해한 산소로부터 우리 몸을 지키기 위해 다중적, 다면적 역할을 수행하는 가장 강력한 항산화물질이라고 할 수 있다.[26, 27] 멜라토닌이 갖고 있는 항산화 특징을 요약하면 다음과 같다.

첫째, 항산화 작용이 연달아 일어난다는 것이다. 즉 멜라토닌은 2개의 활성산소를 처리하고 대사물질이 된 이후에도 연이어 또다시 연쇄반응을 일으키며 활성산소를 제거하기 때문에 멜라토닌 1분자당 10개 이상의 활성산소를 처리할 수 있다.[28] 이 때문에 글루타티온GSH, 비타민C, 비타민E 등에 비해 월등히 강한 항산화 능력을 보인다.

둘째, 멜라토닌은 간에서 만들어지는 강력한 항산화제인 글루타티온과 이들이 항산화 작용을 할 때 필요한 효소(과산화효소와 환원효소), 또한 슈퍼옥사이드 디스뮤타제superoxide dismutase, SOD, 카탈라아제 등의 생성을 증가시켜 체내 항산화 기제를 간접적으로 돕는다. 이들 효소는 세포 내 활성산소의 중화에 매우 중요한 역할을 수행한다.

셋째, 멜라토닌은 활성질소 라디칼을 제거할 수 있다.[29] 활성질소 라디칼은 특히 신경계 손상을 초래할 수 있기 때문에 퇴행성신경질환의 예방과 치료에 멜라토닌의 효과를 기대해 볼 수 있다.

넷째, 멜라토닌은 철, 구리, 알루미늄, 망간, 아연, 카드뮴 등 중금속을 분자 속에 잡아넣어 처리할 수 있다. 즉 킬레이트화하는 것이다.[30] 중금속은 가장 강력한 활성산소인 하이드록시 라디칼을 생성하는 데 일조하기 때문에 이들의 제거는 매우 중요하다. 예를 들어 구리는 세포질에서 강력한 항산화효소인 CU-SOD를 생성하는 데 필수적인 영양소지만 농도가 지나치게 높으면 펜톤산화를 일으켜 활성산소인 하이드록시 라디칼에 의해 산화스트레스를 유발한다. 이때 멜라토닌이 앞서 설명한 멜라토닌 대사물질과 함께 구리를 제거할 수 있다. 알츠하이머치매, 파킨슨병 등의 퇴행성신경질환이나 윌슨병 발생 시 구리와 기타 중금속이 증가되어 있고 이들이 신경세포를 손상시킨다는 점을 생각할 때 멜라토닌의 중금속 제거 역할은 질병의 예방과 치료에 일익을 담당할 것으로 기대된다.

다섯째, 멜라토닌은 미토콘드리아에서 특히 중요한 항산화 역할을 수행한다.[31] 미토콘드리아는 에너지 생성 과정에서 활성산소가 다수 생성되기 때문에 이로 인한 손상을 가장 먼저 받는 곳이다. 그런데 일반 항산화제는 미토콘드리아 벽의 전위차가 크기 때문에 쉽게 벽을 통과하여 안으로 들어가지 못한다. 이와 같은 이유로 대부분의 비타민은 미토콘드리아 내에서 충분히 높은 농도를 유지하기 어렵다. 이것이 지금까지 많은 임상 연구에서 비타민 영양소들이 심혈관질환이나 암 등의 예방 효과를 입증하지 못했던 까닭일 수도 있다. 하지만 멜라토닌은 미토콘드리아 벽에 특별한 수송체(PETP1/2)를 갖고 있어 미토콘드리아 실질 내로 쉽게 들어갈 수 있음이 최근 연구에서 밝혀졌다.[32] 즉 미토콘드리아에 특화된 항산화제인 셈이다. 실제로 멜라토닌 농도는 혈액보다 미토콘드리아 내부에서 항상 더 높게 유지된다. 이로써 전자전달계Electron transport chain에서 활성산소가 새어 나오는 것을 경감시키고 ATP* 생성을 많게 하며 미토콘드리아의 구조와 DNA가 활성산소로부터 손상받는 것을 보호한다.

그 외 멜라토닌은 노화 방지 물질로 알려진 서투인의 발현을 촉진하며, 칼슘 농도를 조절하여 세포가 고사되는 것을 억제하는 기능을 수행한다.[33]

면역 조절 작용(항염증 작용)

멜라토닌은 림프구를 비롯한 면역세포를 활성화하여 면역을 강화해줄 뿐만 아니라 과도하게 활성화된 면역세포를 조절하여 염증 반응을 줄이는 항염증 기능을 동시에 갖고 있다. 말하자면 면역 조절제인 것이다. 실제로 백혈구나 단핵구, 대식세포 등의 면역세포에 멜라토닌을 주면 증식이 빨라지고 염증 유발 물질을 생성하여 활성산소가 많아진다. 침입한 세균을 죽이는 급성염증 반응이다. 하지만 곧이어 대식세포에서 항염증성 사이토카인인 IL-10이 분비되어 면역세포에서 염증 유발 물질의 생성을 줄인다.[34] 즉 면역세포의 염증 반응이 과도해지지 않도록 균형을 잡고 조절해주는 것이다.

최근 들어 많은 연구들을 통해 멜라토닌의 염증성 혹은 항

---

* adenosine triphosphate. 미토콘드리아에서 생성되는 유기화합물로 다양한 생명 활동을 수행하기 위해 에너지를 공급한다. ATP는 종종 "분자 단위의 에너지 화폐"라고 불린다.

염증성 유전자 발현에 대한 지식이 급속히 증가했다. 그럼에도 아직은 이 두 갈래 길을 결정하는 스위치가 무엇인지 알지 못한다. 그러나 노인이 되면서 만성염증으로 신체 각 부분의 조직과 세포가 손상되는 것이 노화와 질병의 근본 원인 중 하나임이 밝혀지고 있는 요즈음 멜라토닌의 면역 조절 역할이 더욱 기대되고 있다. 가령 퇴행성신경질환들, 예컨대 알츠하이머치매, 파킨슨병, 다발성경화증, 루게릭병 등은 신경세포가 과도한 자극을 받을 때 질소화합물의 산화스트레스 생성을 촉진하고 이로 인해 만성적으로 염증이 증가하여 이상단백질의 생성과 신경세포의 손상을 일으키기 때문에 멜라토닌의 강력한 항산화 작용이 질병의 예방과 치료에 도움을 줄 수도 있다. 다만 면역이 비정상적으로 활성화되어 있는 자가면역질환들, 즉 류머티즘관절염, 다발성경화증에서 멜라토닌의 사용은 주의를 요한다.[35] 이들 질환에서는 멜리토닌이 염증을 증가시켰다고 보고된 바 있다.

멜라토닌을 어떻게 사용해야 할까?

멜라토닌의 항산화, 항염, 면역 조절, 세포 내 미토콘드리아 보호, 그리고 일주기 리듬 조정 등의 작용은 멜라토닌이 노화의 근본 원인을 막고 노화 관련 질환들을 예방하고 치료하는 데 유용하게 사용될 수 있음을 시사한다. 이에 따라 현재 일주기 리듬 조정, 불면증 치료와 함께 암의 예방과 보조 치료, 그리고 치매나 파킨슨병과 같은 퇴행성신경질환의 예방과 치료, 또한 당뇨병과 대사증후군, 야간고혈압 등의 건강 증진 분야에서 활발한 연구가 이루어지고 있다.[36] 하지만 대부분의 경우 대상 자가 적은 연구들이고, 용량과 기간이 서로 다르며, 일부 연구 에서는 효과를 입증하지 못한 결과도 있다. 따라서 보다 질이 높고 많은 수를 대상으로 한 연구 결과를 토대로 사용 지침이 정해질 필요가 있다. 향후 더 폭넓은 연구를 통해 멜라토닌이 지닌 질병 예방과 건강 증진 효과가 증명될 것으로 기대된다.

그렇다면 임상 지침이 결정되기 전까지는 어떻게 하면 될 까? 50세 이상의 성인이 불면증이나 수면장애가 있는 경우는 1~3밀리그램 정도의 멜라토닌을 취침 30분 전에 복용하는 것 을 추천한다. 그 외 밤과 낮의 교대 근무자, 시차 적응을 위해 필요한 경우도 단기간 사용하는 것이 좋다. 또한 알츠하이머 치매나 파킨슨병에서 심한 수면장애가 있는 경우 다소 많은 양(2~6밀리그램)을 단기간 사용하여 효과가 있음을 보고한 연 구들이 있다.[37] 야간고혈압의 경우 저용량의 멜라토닌을 사용 하며 변화를 관찰해볼 필요가 있다. 주야간 교대 근무자는 야 간 근무에서 주간 근무로 바뀔 때 5~10밀리그램 정도의 멜라토닌을 자기 전에 복용하면 낮에 졸음이 쏟아지거나 밤에 명료해지는 현상이 덜하다.

멜라토닌은 매우 안전한 약이라 할 수 있다. 멜라토닌은 하루에 0.1~0.9밀리그램 분비된다. 따라서 0.9밀리그램 이하의 용량을 생리적 양이라 하고 그 이상의 용량을 약리적 양이라고 부른다. 지금까지 임상 연구에서는 일부 고용량을 사용한 경우를 제외하면 대부분의 경우 0.3~5밀리그램을 사용했다.[38] 지금까지 30세 이상의 성인에서 10밀리그램 이상의 고용량을 사용한 연구들을 모두 모아 분석한 자료에 의하면 심각한 부작용을 보고한 경우는 없었다. 통상적인 양을 사용한 37개의 무작위 연구에서도 낮 시간 졸림(1.66퍼센트), 두통(0.74퍼센트), 어지럼증(0.74퍼센트), 그리고 저체온증(0.62퍼센트)이 보고되었을 뿐이다.[39]

따라서 일반적으로는 처음에 저용량(1~2밀리그램)부터 시작하여 효과에 따라 필요시 3~5밀리그램까지 증량해볼 수 있다. 낮의 졸림이나 잠에서 깨기 어려운 경우 용량을 줄인다. 아직 장기간의 안전성에 대한 평가는 이루어지지 않았으므로 되도록 생리적인 양을 사용하고, 멜라토닌 강화 식습관과 함께 밤낮의 리듬 진폭을 크게 하는 생활 습관을 추천한다. 이에 관해서는 9장에서 자세히 설명한다.

6장

활성산소 이론

산소는 양날의 검과 같다. 우리가 살아가는 데 없어서는 안 되지만 과다하면 독으로 다가온다. 1774년 처음으로 산소가 발견된 이후 일부 의학자들은 산소를 고압으로 동물이나 곤충에 투여하면 치명적인 손상을 일으켜 경련을 일으키며 죽는 것을 보며 산소에 강한 독성이 있음을 알게 되었다.[1] 하지만 1940년 대 초 전 세계적으로 약 1만 명의 미숙아가 고압산소 치료로 실명하기까지 산소의 독성은 의학계의 정설로 인정되지 않았다. 10여 년이 더 흐른 뒤에야 실명 원인이 미숙아의 생존을 높

이기 위해 산소를 과량 공급한 것임이 밝혀졌다.[2]

1954년 레베카 거쉬먼Rebeca Gerschman은 산소의 독성과 방사선 조사에 의한 손상의 기전이 동일하다는 가설을 논문으로 발표했다.[3] 거쉬먼은 방사선을 조사할 때 물 분자가 H_2O에서 H^*+OH^*로 분리되면서 강력한 독성을 일으키는 활성산소를 형성하는 것이 방사선에 의한 손상의 근본 원인이라 주장했고, 방사선 조사를 한 동물에서 항산화제를 투여하면 생존 기간이 길어지고 반대로 산소를 투여하면 생존 기간이 짧아지는 현상을 근거로 제시했다.

이러한 사실을 토대로 하여 1957년 데넘 하먼Denham Harman은 노화는 활성산소에 의해 신체조직의 무작위 손상이 축적되어 발생하는 것이고, 활성산소는 세포에서 산소를 사용하여 에너지를 얻는 과정에서 필연적으로 생성되는 것이라고 설명했다. 이것이 노화의 자유라디칼 이론(산화스트레스, 활성산소 이론이라고도 부르기도 함)이다.[4]

그 후 하먼을 포함한 많은 연구실에서 항산화제를 투여하여 동물들의 수명을 연장시켰음을 보고하며 하먼의 자유라디칼 가설을 지지했다. 하지만 그의 이론이 광범위하게 받아들여진 것은 1969년 조 매코드Joe McCord와 어윈 프리도비히Irwin Fridovich[5]에 의해 세포 내에 존재하는 항산화효소인 SOD(초과산화물 불균등화효소)가 발견된 이후였다. 그때부터 산소가 활성산소로 변화되는 과정과 항산화 방어기전에 대한 지식이 급속도로 발전했다. 또한 활성산소인 슈퍼옥사이드가 세포막 지질의 지질과산화, 효소의 비활성화, DNA 손상을 일으키는 기전이 밝혀졌고, 활성산소에 대한 항산화 방어기전이 부족할 때 신체 노화와 노화 관련 질환의 병인으로 작용한다는 것이 일반적으로 받아들여졌다.

하먼이 제창한 노화의 자유라디칼 이론은 노화를 관념적 개념에서 세포 내에서 일어나는 분자생물학적 원인에 의한 것으로 관점을 바꾸어주었다는 점에서 의의가 있다. 그리고 이후로도 계속해서 산화스트레스가 우리의 건강을 위협하는 질병들의 발생 기전에 중요한 원인으로 작용한다는 충분한 근거들이 밝혀지고 있다. 또한 활성산소 생성을 줄이고, 항산화 방어 능력을 증진시키는 식생활 습관이 신체 노화를 늦추고 질병 발생 위험을 줄여준다는 사실이 잘 입증되어 있다.

반면 동물실험에서 유전자조작을 하거나 사람을 대상으로 한 임상시험에서는 항산화 비타민의 투여가 기대했던 효과를 나타내지 못하고 있다. 이에 따라 일부 학자들은 노화의 자유라디칼 가설에 의문을 표하기도 한다.[6] 최근에는 활성산소가 면역기능, 혈관 확장 등 생리적 기능을 담당하고, 세포 발육이나 기타 생리적 과정에 관여하는 2차 전달물질로서 우리의 생존에 필요한 역할을 수행하고 있음이 새롭게 밝혀지기도 했다.[7, 8] 따라서 일부 학자들은 평상시에 생성되는 활성산소는 세포 내 소기관에 직접적인 손상을 일으키기보다는 세포의 산화 환원 균형의 조절 과정에 관여하여 에너지대사나 세포의 생존에 중요한 분자생물학적 신호전달에 영향을 준다고 주장하고 있다.[9] 이 경우 다량의 항산화 비타민 복용은 오히려 해로운 결과를 초래할 수도 있다.

이 장에서는 활성산소와 산화스트레스 이론에 대해 간략히 소개하고 항산화제와 관련된 연구 결과들, 그리고 이에 대한 해석과 함께 노화 관련 질병과 건강 증진 목적의 항산화 비타민 사용에 대한 논란을 살펴본다.

자유라디칼(활성산소)이 우리 몸에 끼치는 영향

활성산소란

활성산소는 체내에서 생성되는 대표적인 자유라디칼이다. 자유라디칼은 쌍을 이루지 못한 전자를 갖고 있는 분자구조를 말한다. 하나의 궤도 안에 쌍을 이루지 못한 전자는 매우 불안정하여 주변 조직에서 전자를 빼앗아 채우려 한다.* 이러한 반응은 순식간에, 그리고 연쇄적으로 증폭되며 퍼져 나간다. 이

* 주변 조직을 산화시키고 자신은 환원되는 것이다.

때문에 항산화 방어기제가 불충분하거나 작동하지 않는다면 이 반응은 기하급수적으로 주변 분자물질의 분열, 융합 등을 일으키며 유전자, 지질, 단백질, 효소의 구조를 손상시킨다.

산소 분자는 쌍을 이루지 못한 전자를 2개 갖고 있다. 하지만 평상시에는 쌍을 이루지 못한 전자의 스핀이 같은 방향이어서 안정화되어 있다. 그런데 햇빛을 받거나 전자를 받으면 매우 강력한 산화제로 바뀐다. 이러한 활성산소에는 4종류가 있는데, 식물의 광합성 과정에서 생성되는 단항산소singlet oxygen와 슈퍼옥사이드, 과산화수소, 그리고 가장 강력한 작용을 하는 하이드록시 라디칼이다(그림 6-1).

그림 6-1 **활성산소의 종류**

활성산소는 산소가 전자와 결합하면서 생성되는데 대부분의 경우 미토콘드리아 내벽의 전자전달계에서 빠져나온 전자와 반응하여 만들어진다(그림 6-2). 우리가 살아가는 데 필요한 에너지를 얻는 과정에서 필연적으로 생겨나는 것이다. 대체로 우리 몸에 들어온 산소 중 1~3퍼센트가 활성산소로 바뀐다고 알려져 있다.[10] 이것을 방사선 조사량照射量으로 바꾸어 생각한다면 우리가 하루도 살아가기 어려운 양이다. 하지만 우리 몸에 존재하는 항산화효소와 영양소로 구성된 항산화 시스템이 활성산소를 적절히 중화해주기에 우리는 오늘도 살아갈 수 있다.

활성산소는 오염물질이나 중금속, 흡연, 약물, 건강치 못한 식단, 방사선 조사 등 외부 요인에 의해서도 생성이 증가된다. 건강한 식생활 습관이 건강상 이득이 있는 이유가 활성산소의 생성을 낮출 뿐만 아니라 각종 항산화 영양소를 다양하게 공급해주기 때문이다. 한편 우리 몸의 면역세포도 외부에서 침입한 균을 죽일 때 활성산소를 사용한다. 그래서 체내 만성염증이 있을 때 과도하게 생성된 활성산소가 건강에 나쁜 영향을 주고, 염증노화가 만성질환 발생 위험을 증가시키는 하나의 원인으로 작용한다.

그림 6-2 활성산소의 생성과 대사 과정[11]

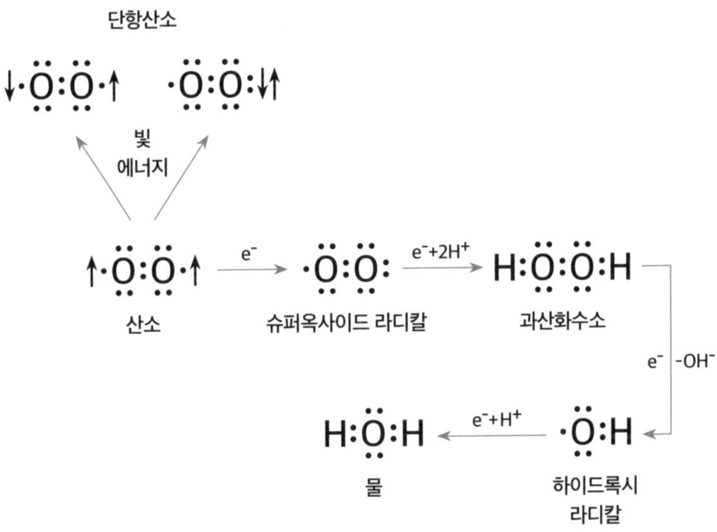

단항산소

↓·Ö:Ö·↑   ·Ö:Ö:↓↑

↑ 빛   ↗
에너지

↑·Ö:Ö·↑ — e^- → ·Ö:Ö: — e^-+2H^+ → H:Ö:Ö:H ⌐
산소   슈퍼옥사이드 라디칼   과산화수소   │
                                                    e^- | $-OH^-$

H:Ö:H ← e^-+H^+ — ·Ö:H ←
물   하이드록시
                        라디칼

그림 6-3 세포 내 대사와 활성산소

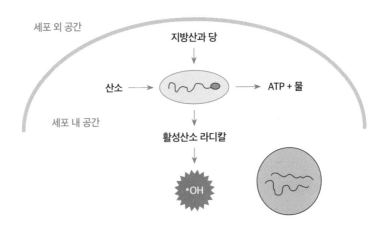

세포 외 공간

지방산과 당

산소 → (미토콘드리아) → ATP + 물

세포 내 공간

활성산소 라디칼

*OH

자유라디칼에 의한 손상

DNA: 자유라디칼의 공격 대상 중 가장 중요한 조직은 세포핵과 미토콘드리아의 DNA다. 활성산소가 DNA 골격을 공격하고 염기들의 화학적 변이를 일으키면 이중구조가 풀리고 DNA 조각들의 상호 결합, 또는 단백질과의 결합으로 변형된다. 이것이 게놈의 불안정을 초래하여 암을 비롯한 노화 관련 질환의 원인이 된다. 또한 미토콘드리아 DNA의 손상은 미토콘드리아 기능 저하를 초래하여 더 많은 활성산소가 생성되는 악순환을 일으킨다.

세포막: 대부분의 세포막은 다중 불포화지방산으로 이루어져 있다. 이들은 활성산소의 공격에 매우 약하다. 다중 불포화지방산의 이중구조에 인접한 $-CH_2-$는 자유라디칼, 특히 하이드록시 라디칼의 공격을 매우 잘 받는다. 이렇게 지질의 과산화가 시작되어 과산화 라디칼을 만들면 이것이 다른 다중 불포화지방산의 $-CH_2-$를 공격하여 연쇄반응을 일으킨다.

단백질: 단백질의 기본 골격과 곁사슬side-chain은 활성산소에 의해 산화적 변형이 잘 일어나는 부위다. 활성산소가 단백질 첫 번째 탄소α-carbon의 수소를 공격하면 단백질 구조가 변형된 라디칼이 형성된다. 이렇게 만들어진 펩티드 라디칼이 또다시 산소와 결합하면 과산화 라디칼이 되고 이것이 다른 단백질의 수소이온을 공격하여 지질과산화 단계와 비슷하게 연쇄반응

그림 6-4 **활성산소(하이드록시 라디칼)에 의한 세포소기관의 손상**

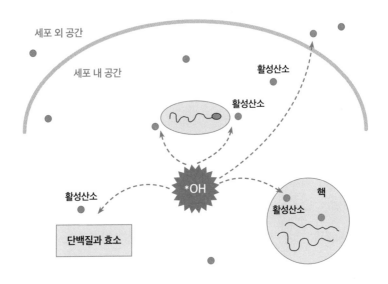

을 일으킨다. 또한 자유라디칼에 의한 구조 변형은 단백질의 교차 결합이나 결합 융해 등 이상단백질을 초래하여 노화를 촉진한다(그림 6-4).

활성산소를 중화하는 항산화 시스템

세포 내에서 에너지를 얻는 과정에서 방출된 활성산소는 세포핵의 DNA, 세포막, 미토콘드리아, 단백질, 효소 등을 공격하고 손상시키기 때문에 암, 동맥경화, 심뇌혈관질환, 치매 등의 발생 원인이 된다. 이러한 활성산소의 공격에도 불구하고 우리가 건강하게 살아갈 수 있는 이유는 활성산소를 다시 중화해 물로 만들어주는 시스템이 있기 때문이다. 이를 항산화 시스템이라고 한다.

항산화제의 일반적 정의는 '활성산소나 자유라디칼에 전자를 제공해줌으로써 체내 조직이나 세포 구성물의 산화를 억제할 수 있는 물질'이다. 즉 자유라디칼이나 활성산소에 전자를 제공해주거나 결합해도 자신은 손상을 받거나 해로운 물질(산화제)로 바뀌지 않는 물질들이다. 항산화제는 내인성과 외인성으로 분류한다.

내인성 항산화제

내인성 항산화제는 유전자에서 발현되어 생성되는 항산화효소다. SOD와 카탈라아제catalase, CAT, 글루타티온 페록시다아제glutachione peroxidasex, GPx 등이 여기에 속한다. SOD는 3종류가 있는데 SOD1은 세포질에, SOD3는 미토콘드리아 안에, SOD2는 세포 밖에 존재한다. 이들 효소는 구리와 아연(Cu-Zn-SOD), 망간(Mn-SOD)이 주된 구성 성분이기 때문에 건강 증진을 위해 이들 무기질을 충분히 공급해주어야 한다.

SOD는 다음과 같이 수소 두 분자를 더해 슈퍼옥사이드를 과산화수소로 바꿔준다. 이때 생성된 과산화수소$_{H_2O_2}$는 두 분자의 글루타티온$_{GSH}$과 글루타티온 페록시다아제에 의해 산화 글루타티온$_{GSSG}$과 물이 된다. 또한 카탈라아제도 과산화수소를 물로 변화시킨다. 이를 도식으로 표시하면 다음과 같다.

$$O_2 \bullet{-} + 2H \xrightarrow{\text{SOD}} H_2O_2$$

$$H_2O_2 + 2GSH \xrightarrow{\text{GPx}} GSSG + 2H_2O$$

$$2H_2O_2 \xrightarrow{\text{CAT}} 2H_2O + O_2$$

그런데 SOD에 의해 생성된 과산화수소에 2가철$_{Fe^{2+}}$이 3가철$_{Fe^{3+}}$이 되면서 전자를 하나 주면 가장 강력한 활성산소인 하이드록시 라디칼이 생성된다. 이를 펜톤$_{Fenton}$ 반응이라고 부른다. 또한 3가철이 다시 슈퍼옥사이드에서 전자를 하나 받아 2가철이 되면 철분을 촉매로 하여 다음 공식과 같이 하이드록시 라디칼이 연쇄적으로 생성된다. 이를 하버-와이스$_{Haber-Weiss}$ 반응이라고 부른다.

$$Fe^{2+} + H_2O_2 \rightarrow OH\bullet + HO{-} + Fe^{3+} \ (\text{펜톤 반응})$$

$$Fe^{3+} + O_2 \bullet{-} \rightarrow Fe^{2+} + O_2$$

위의 두 반응을 합치면

$$O_2 \bullet - + H_2O_2 \xrightarrow{\text{Fe}} OH \bullet + HO - + O_2 \text{ (하버-와이스 반응)}$$

　요컨대 슈퍼옥사이드와 과산화수소가 철분을 만나면 이를 촉매로 하여 가장 강력한 활성산소인 하이드록시 라디칼이 끊임없이 만들어져 세포와 조직을 손상시키는 것이다. 이를 방지하기 위해 평소 우리 몸의 철 이온은 활성산소와 반응하지 못하도록 철 운반 단백에 매우 단단히 부착되어 있다.

　그러므로 철분이 부족하지 않은 사람들, 특히 남성이나 폐경기 여성, 노인들은 철분이 과도하게 섭취되지 않도록 주의

그림 6-5 **활성산소를 중화하는 항산화 시스템**

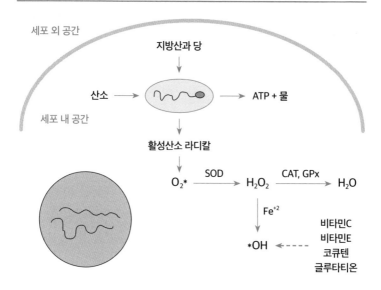

해야 한다. 이 때문에 노인용 종합비타민에는 철분이 들어 있지 않은 제제가 많다. 철분은 적색육이나 선짓국 등의 음식에 많이 들어 있다.

외인성 항산화제

식사를 통해 항산화 방어 시스템에 필요한 영양소를 공급받을 수 있다. 비타민E, 비타민C, 베타카로틴 및 기타 식물성 항산화 영양소 등이 여기에 속한다. 또한 필수 미네랄들은 내인성 항산화효소의 구성 성분으로 합성을 위해 필요한데, 앞서 설명한 바와 같이 SOD에는 아연과 구리와 망간이, 그리고 글루타티온 페록시다아제에는 셀레늄이 필요하다(그림 6-5). 따라서 건강한 식단으로 이러한 영양소들을 충분히 섭취하는 것이 중요하다.

산화스트레스가 노화 관련 질환을 일으킬까?

외부에서 유입되거나 체내에서 생성된 활성산소는 평상시에는 항산화 시스템에 의해 대부분 잘 처리된다. 하지만 활성산소의 생성이 많거나 항산화 영양소가 부족할 때, 또는 내인성 항산화효소의 발현이 충분치 않은 경우에는 균형이 깨지면서

DNA, 단백질, 지질의 손상이 일어난다. 이렇게 자유라디칼과 항산화 시스템이 심각하게 불균형한 상태를 산화스트레스라고 부른다.

정상 세포는 산화스트레스 상태에서 유전자를 발현시켜 각종 세포 내 내인성 항산화효소들의 생성을 촉진하여 대응하는 기능이 있다. 그러나 이러한 조절 기능을 산화스트레스가 넘어서면 조직 손상이 일어나고 이로 인한 질병들이 초래된다(그림 6-6). 실제로 심근경색과 뇌졸중, 말초동맥질환과 같은 심뇌혈관계 질환, 각종 암, 그리고 치매, 파킨슨병 등의 퇴행성신경질환과 함께 노인성 망막 질환, 백내장, 신부전 등의 질병이 발생하는 기전에 산화스트레스가 관련되어 있음이 꾸준히 밝혀져왔다.[12, 13] 이 때문에 무작위 손상을 기반으로 하는 산화스트레스 가설은 과거 수십 년 동안 확고한 지지를 받았다.[14] 지금도 산화스트레스가 노화 및 노화 관련 만성질환의 직접적 병인으로 작용한다는 사실은 정설로 받아들여지고 있다.

하지만 이와 관련한 사실이 명확히 밝혀진 것은 아니다. 산화스트레스가 질병의 직접적 원인이 아니고 질병의 결과일 가능성도 있다. 실제로 항산화 방어기제를 조작한 일부 동물실험의 경우 기대와 다른 결과를 보였으며, 사람을 대상으로 하여 항산화 비타민의 질병 예방 효과를 알아보기 위한 다수의 대규모 임상시험에서도 효과가 입증되지 않았다.[15] 즉 분명한

그림 6-6 산화스트레스와 노화

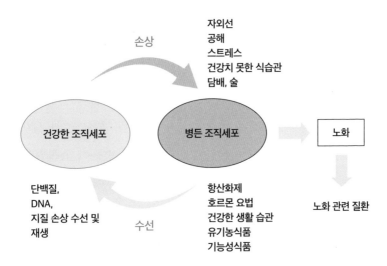

원인 결과의 관계가 확인되지 않았다는 말이다. 또한 비교적 최근 연구들에서 활성산소가 세포 내 산화-환원의 균형을 조절하여 세포의 생존에 필수적인 유전자 발현에 영향을 미친다는 사실이 밝혀지면서 일부 의학자들은 손상을 기초로 한 자유라디칼 이론에 의문을 제기하고 있다.[16]

산화스트레스 이론을 검증한 결과

무작위 손상을 기반으로 하는 노화의 산화스트레스 이론은 앞서 설명한 바와 같이 대사 과정에서 생성되는 활성산소가 세포 내 소기관과 핵, 세포막, 효소, 단백질 등에 불러일으킨 손상이 축적되는 것이 노화와 노화 관련 질환의 근본 원인이라는 것이다. 이 이론에 따르면, 활성산소를 중화할 수 있는 항산화제를 충분히 보충하면 수명 연장은 물론 노화와 관계된 질병 발생이 억제되어야 한다. 더 나아가 노화 속도가 늦춰지고 수명이 연장되어야 한다. 즉 늙지 말아야 한다는 것이다. 이것이 사실일까? 과연 활성산소가 노화에 어느 정도 원인으로 작용하는 것일까? 이것을 검증하기 위해 지금까지 수많은 동물실험과 사람을 대상으로 하는 임상시험이 시행되었다. 그 결과는, '기대만큼의 효과를 얻을 수 없었다'라고 정리할 수 있다.

동물실험

미토콘드리아에서 생성된 활성산소가 노화의 원인이 맞는다면 다음 가정이 입증되어야 한다. 첫째, 항산화제 투여나 유전자조작으로 항산화 방어기제를 높여 활성산소 생성을 적게 하면 수명이 연장되어야 한다. 하지만 동물실험에서 수명 증가를 입증하지 못했다. 둘째, 유전적으로 항산화 기능이 저하되어 활성산소가 많아진 개체는 수명이 줄어들어야 한다. 하지만 정상 수명을 유지했으며 오히려 수명이 연장된 사례도 있다. 마지막으로, 장수하는 종이나 유전자변이 개체는 활성산소의 생성과 이로 인한 손상이 적어야 한다. 하지만 관찰 결과로는 활성산소의 생성과 이로 인한 손상이 다른 종과 다름이 없거나 오히려 많은 경우도 있다. 다만 미토콘드리아의 기능 저하와 활성산소에 의한 손상은 노화의 병리 현상과 관련이 있으며 유전적으로 변이된 장수 종은 활성산소로 인한 손상이 적다는 사실은 입증되었다.[17]

이러한 연구 결과는 활성산소가 노화의 원인이 아니라 결과일 수 있음을 시사한다. 또한 지금까지 대부분의 동물실험 연구에서 산화제 사용이 평균수명의 증가는 있었지만 최대 수명을 증가시키지는 못한 사실과도 일치된다. 더욱이 일부 연구에서 확인된 바에 의하면 활성산소는 항산화효소 등의 내재된 방어기전을 강화하고, 반대로 외부에서 주는 항산화제는 내재된 방어기전을 약화한다. 생명체는 산화스트레스의 정도에 따라 에너지대사의 속도와 내재된 방어 시스템을 조절하며 균형을 맞추려는 보상 기능이 있다는 것을 의미한다. 이에 따라 라진더 소할Rajindar Sohal 등의 의학자들은 무작위 손상을 기초로 한 자유라디칼 노화 이론은 너무 단순하여 세포의 항상성을 위해 작동하는 유전자를 통한 방어 시스템 강화, 대사율

조절 등의 생명현상을 담을 수 없다고 주장한다.[18]

임상시험

한편 사람에서 항산화제가 심혈관질환이나 암 같은 노화 관련 질환을 예방하는 효과가 있는지 알아보기 위해 과거 수십 년간 적어도 15개의 대규모 임상 연구가 약 55만 명을 대상으로 진행되었다. 하지만 모든 연구에서 항산화 비타민의 보충이 암이나 심혈관질환을 예방하는 효과가 있음을 입증하지 못했다. 오히려 일부 연구에서는 흡연자와 석면 노출자 등에서 폐암 발생이 증가하기도 했다.[19] 자세한 연구 내용은 책 말미의 부록에서 확인할 수 있다.

왜 항산화 보충제는 효과가 없을까?

활성산소가 분명 조직과 세포에 손상을 입히고 대다수 노화 관련 질환의 병인으로 작용하는 것은 분명한데 왜 항산화 보충제는 효과가 없는 것일까? 그 이유는 분명치 않으나 몇 가지 가설로 설명해볼 수 있다.[20]

손상을 기반으로 하는 노화의 자유라디칼 이론의 오류

동물 연구의 결과를 종합해볼 때 활성산소는 노화의 원인이라기보다 미토콘드리아 기능이 떨어지면서 발생하는 노화의 결과물일 가능성이 있다. 이 때문에 항산화제로 활성산소의 생성을 낮추거나 이와 반대로 활성산소의 생성을 많게 해도 최대 수명이 연장되거나 줄지 않는다. 실제로 소할 등[21]은 세포 내에서 생성된 활성산소의 약 0.1퍼센트만이 세포 내 소기관 손상의 원인으로 작용하고 약 99퍼센트는 산화환원redox에 민감한 신호전달 단백질의 활성화를 조절하여 세포의 생존과 고사, 염증 조절 등 중요한 생체반응에 영향을 준다고 주장한다. 따라서 이들은 손상을 기반으로 하는 자유라디칼 이론을 부정한다. 이를 노화의 산화환원 이론redox stress hypothesis of aging이라고 부른다.[22]

항산화 효과 문제

항산화 비타민을 먹었을 때 활성산소 생성이 많은 미토콘드리아로 전달될 수 있을까? 항산화제는 지용성과 수용성이 있다. 비타민E는 지용성이고 비타민C는 수용성이다. 세포막은 지질로 이루어져 있기 때문에 지용성비타민이 안으로 들어올 수 있다. 비타민C는 세포 밖, 혈액에서 주로 활동한다. 그런데 미토콘드리아 벽은 지질로 이루어져 있음과 동시에 전위가 매우 높다. 이 전위를 이용하여 에너지(ATP)를 생성하기 때문이다. 이 때문에 비타민E라도 통과하기가 어렵다. 따라서 단순히 비타민을 복용하는 것이 미토콘드리아의 손상을 막고 활성산소의 생성을 억제한다고 볼 수 없다. 일부 의학자들은 비타민E나 코엔자임큐텐Coenzyme Q10의 분자구조에 곁사슬을 붙여 미토콘드리아 벽을 잘 통과하도록 만들었다. 이를 미토 비타민EMito-Vitamin E, 미토 코엔자임큐Mito-CoQ라고 부른다.[23, 24] 이러한 비타민이 일부 동물 연구에서 항산 효과가 더 월등하다고 보고되기는 했으나 노화의 자유라디칼 이론을 입증하지는 못하고 있다.

다른 노화 기전에 비해 제한적인 활성산소의 영향력

2장에서 노화 기전의 일회가용신체설에 관해 설명했듯이 라파마이신 관련 포유류 신호전달 체계 m-TOR는 세포의 발육과 성장을 촉진하지만 동시에 손상도 초래한다. 노화의 근본 원인이 활성산소에 의한 손상이라기보다 생식이 끝난 이후에도 멈추지 않는 m-TOR의 작용일 수 있다. 이 경우 노화 방지는 항산화제가 아니라 m-TOR의 억제제를 사용하여 이룰 수 있다.[25, 26]

이 중 무엇이 맞는 가설일까? 아직 답은 없다. 하지만 지금까지 여러 연구들의 결과를 볼 때 노화는 유전자, 산화스트레스, 발육과 생식 등에 관여하는 여러 가지 경로들이 상호 관련성을 갖고 일어나는 복합적인 현상이라는 점을 유념할 필요가 있다. 적어도 발육과 생식이 끝난 중년기 이후는 m-TOR 경로가 적절히 억제될 수 있는 방향이 노화방지의학의 근간이 되리라 생각한다.

활성산소의 두 얼굴

한편, 최근 들어 활성산소 중 하나인 과산화수소가 세포 내 중요한 생체신호 관련 물질이라는 것이 밝혀졌다.[27] 세포의 대사와 발육과 증식, 항산화제 생성, 염증 반응 등에 관여되는 신호전달 단백은 세포 내 산화환원 상태에 매우 민감하여 활성화 또는 비활성화 상태가 된다. 그런데 활성산소가 세포 내 산화환원 상태를 조절하는 결정적인 역할을 한다. 즉 활성산소는 생체 내 분자생물학적 반응에 없어서는 안 되는 매우 중요한 물질이 되는 것이다. 따라서 세포에서는 필요시 활성산소를 생성하여 사용하기도 한다. 다시 말해 활성산소는 생체에 매우 중요하고 필수적인 신호전달 체계를 유지하는 데 필요한 물질이 되기도 한다.[28] 활성산소에 의해 활성도가 조절되는 생

표 6-1 활성산소에 의해 활성도가 조절되는 생체 신호전달 체계의 효소

생체 신호전달 체계 효소	역할
세포자멸사 신호 조절 인산화효소1ASK1	세포자멸사 조절
인산화이노시티드-3 인산화효소PI3K,	세포의 발육과 증식 조절
핵인자 적혈구2 관여 인자Nrf2	항산화효소 생성
산화환원 인자-1Ref-1,	세포 내 산화환원 조절
철분조절단백-1IRP1과 철분조절단백-2IRP2,	체내 철분의 항상성 유지
혈관확장성 운동실조증 변이ATM 인산화효소	DNA 손상에 반응

체 신호전달 체계의 효소는 표 6-1과 같다.

이렇듯 활성산소는 과도하게 많을 땐 세포 손상을 일으켜 질병의 원인이 될 수 있지만 반대로 너무 적어도 신호전달 체계에 문제를 일으킬 수 있는 두 얼굴을 갖고 있다. 현재까지는 활성산소의 독성을 방어하기 위한 항산화제의 역할에 초점을 맞춰 많은 연구가 이루어졌으나, 앞으로는 활성산소가 세포 내 신호전달 체계에서 담당하는 역할과 질병의 원인으로서 작용하는 것에 대한 연구가 더 필요한 시점이라 할 수 있다.

비타민 보충제를 먹어야 할까?

비타민은 사람들이 가장 많이 복용하는 식이보충제다. 2020년

국민건강영양자료 조사에 의하면 우리나라 국민의 22.3퍼센트가 종합비타민무기질을 복용했고 9퍼센트가 비타민C를 복용하는 것으로 나타났다.[29] 그리고 그 사용은 최근 3년간 꾸준히 증가하고 있다. 2015년에 조사된 미국국민건강영양자료에서도 미국 성인 중 절반 이상이 영양제를 한 가지 이상 복용하고, 31퍼센트는 비타민과 무기질이 함유된 종합비타민을 복용하는 것으로 나타난다.[30]

비타민은 세포의 발육과 성장, 그리고 에너지대사와 호르몬 합성 등 생명현상을 유지하기 위한 거의 모든 과정에 도움을 주고 관여하는 영양소다. 그래서 생명과 활력이라는 의미의 '바이탈vital'과 비타민B1으로 처음 쌀겨에서 추출된 물질 '티아민thiamine'의 합성어로 비타민이라는 단어가 만들어지기도 했다. 우리 몸에서 생성되지 않기 때문에 반드시 외부에서 섭취해야 하며 비타민이 결핍되면 건강과 생명 유지에 치명적인 결과를 초래한다. 현재까지 모두 13종의 비타민이 발견되었고 이들이 결핍되었을 때 발생되는 질병을 예방할 수 있는 하루 최소 요구량이 권고량으로 정해졌다.

최근에는 활성산소가 노화 및 노화 관련 질환의 주된 원인이라는 것이 대중에게 알려지면서 항산화 효과가 있는 비타민에 대한 기대가 더욱 급증했다. 더구나 일부 의학자들은 비타민이 항산화제로서 질병 예방과 건강 증진 효과를 가지려면 기존 권고량보다 훨씬 많은 양이 필요하고, 이 용량은 음식 섭취만으로 도달되기 어렵기 때문에 대용량의 비타민 보충제를 복용해야 한다고 주장한다.

그러나 앞서 설명한 바와 같이 활성산소에 의한 조직 손상이 노화 및 노화 관련 질환의 주된 원인이라는 가설이 입증되지 않았고, 더군다나 지금까지 시행된 대규모의 임상시험에서 다양한 항산화 비타민이 기대와는 달리 질병 예방의 효과를 전혀 보여주지 못했다. 뿐만 아니라 활성산소는 이중적인 역할을 한다는 것, 즉 활성산소가 다량으로 존재할 때는 세포와 조직을 손상시킬 수 있지만 적은 농도에서는 세포 내 생명 유지에 매우 중요한 분자생물학적 신호전달 체계에 관여하는 필수적인 역할을 한다는 것이 밝혀지고도 있다. 이 때문에 비타민을 과량으로 복용할 경우 염증과 암, 동맥경화 등의 발생 위험이 증가될 수 있는 우려도 상존한다.[31]

이런 여러 이유로, 비타민 보충제를 먹어야 하는지에 대해서는 노화 방지와 질병 예방, 그리고 건강 증진을 다루는 의학자들 간에 이견이 존재한다. 비타민 복용에 대한 이득이 입증되지 않은 것과 마찬가지로 허용 범위 안에서 복용하는 비타민 보충제의 위해도 분명히 입증되지 않은 것 또한 사실이다. 이러한 상황에서 전문가 집단은 단일 성분의 비타민 보충제보다는 건강한 식단으로 식품 안에 함유된 비타민과 식물성 영

양소를 충분히 섭취하는 것을 권고하고 있다.[32]

2022년 미국 예방서비스 태스크포스US Preventive Services Task Force에서는 심혈관질환과 암 예방을 위한 비타민 사용에 대한 권고안을 발표했다.[33] 베타카로틴과 비타민E의 사용은 권고되지 않으며, 기타 비타민의 경우 자료가 불충분하여 이해득실에 대한 결론을 내리기 어렵다는 것이 주된 내용이다. 다만 이러한 권고는 일반 성인에 해당되고 충분한 영양소와 비타민 공급이 필요한 임신 계획 여성이나 임산부에게는 해당되지 않는다. 또한 영양소의 섭취가 불충분하거나 영양결핍에 따른 증상이 동반되는 경우, 또는 비타민 흡수를 방해하는 약제를 복용 중이거나 혈중 비타민 농도 측정상 비타민 결핍증을 보이는 경우는 주치의와 상담하여 비타민 보충제 복용을 결정하는 것이 좋다. 일반적인 건강한 성인에 대한 비타민 보충제 복용의 권고 사항은 다음과 같다.

① 건강한 성인에게 노화를 방지하고 노화 관련 질환을 예방하는(1차 예방) 목적으로 사용되는 비타민 보충제는 권장되지 않는다.
② 식사로 영양소의 섭취가 불충분하거나, 검사나 임상 증상으로 영양소 결핍이 의심되는 경우 비타민 보충제 사용이 도움이 될 수 있다.

③ 비타민 복용 시 과도한 용량의 장기 복용은 피하도록
한다.

7장 ●● 노화의 미토콘드리아 이론

노화의 미토콘드리아 이론은 산화스트레스에 의해 초래되는 미토콘드리아의 손상과 기능부전이 노화 및 노화 관련 질환의 근본 원인이 된다는 것이다.[1] 다시 말해, 미토콘드리아에서 생성되는 활성산소에 의해 미토콘드리아 DNA가 손상되어 돌연변이가 일어나고, 이로 말미암아 전자전달계의 단백질 합성이 저하되면 미토콘드리아 기능이 떨어져 더 많은 양의 활성산소가 발생되는 악순환이 반복되는데, 이것이 신체 노화의 원인이 된다는 이론이다. 최근 들어 미토콘드리아의 기능이 당뇨병, 동맥경화 및 혈관 기능, 심부전, 암, 노화와 관련이 있음을 시사하는 구체적 증거들이 밝혀지면서 건강 증진과 질병 예방을 위해 미토콘드리아의 기능 유지 및 회복이 매우 중요한 과제로 인식되고 있다.

미토콘드리아의 기원

미토콘드리아는 다른 세포 내 소기관과 달리 자체 핵을 갖고 있다. 이 때문에 일부 의학자들은 미토콘드리아가 과거 산소를 이용하는 호기성 원핵생물이었는데, 진핵생물의 세포 내로 들어가 오랜 기간 공생하면서 세포 내 소기관이 되었다고 생각한다. 이 추론을 조금 더 자세히 설명하면 다음과 같다. 약 35억 년 전 지구상에 나타난 매우 간단한 생명체는 단세포로 구성되었고, 광합성을 통해 생명 유지에 필요한 영양소와 유기물질을 만들었다. 이를 광합성세균 또는 남세균이라고 부른다. 그런데 이들 생명체가 지구상에 널리 퍼져 땅과 바다를 뒤덮게 되자 예상치 못한 큰 문제가 발생했다. 광합성 과정에서 배출되는 산소가 대기에 가득 찬 것이다. 고농도 산소는 활성산소가 되어 생명체에 치명적이다. 이것이 바로 약 25억 년 전에 지구상에서 벌어진 산소 대폭발 사건이다.

이때 이들 생명체는 두 가지 방향으로 진화했다. 한쪽은 활성산소로부터 자신을 지키기 위해 강력한 항산화물질을 만들었는데, 이것이 바로 멜라토닌의 기원이다. 다른 쪽은 산소를 이용해서 유기물질을 분해하여 에너지를 얻는 호기성세균으로 진화했다. 즉 남세균이 광합성으로 만들어놓은 영양소를 호기성세균이 산소를 이용하여 분해하는 것이다. 이 과정에서 이산화탄소가 배출되기 때문에 대기 중 산소와 이산화탄소의 농도가 균형을 이룬다. 이후 남세균, 즉 광합성세균은 식물의 엽록소가 되었고, 호기성세균은 동물세포의 미토콘드리아가 되었다.[2] 일반적인 공생의 차원을 넘어 숙주의 일부가 된 것이다. 이를 미토콘드리아와 엽록소의 기원을 설명하는 내공생이론endosymbiotic theory이라고 일컫는다.

미토콘드리아는 모두 어머니로부터 받는데, 정자는 핵만 난자에 들어가 수정란이 되기 때문이다. 즉 우리 세포 내의 미토콘드리아는 모두 난자에서 유래하므로 100퍼센트 모계의 영향을 받는다. 과거 연구를 통해 한 개인의 수명이 아버지보다는 어머니의 수명과 관련된 것으로 알려져 있는데 이것이 미토콘드리아의 건강과 연관성이 있지 않을까 생각된다.

미토콘드리아는 세포 내에서 차지하는 공간이 매우 미미한 아주 작은 기관이지만 건강에 미치는 역할은 실로 막대하다. 미토콘드리아는 신체가 필요한 모든 에너지를 만들고 지

방과 탄수화물을 분해하고 합성할 뿐만 아니라 세포의 생과 사를 결정하는 중요한 역할을 담당한다.[3]

미토콘드리아의 구조와 기능

미토콘드리아는 하나의 세포 안에 수백에서 수천 개씩 분포되어 있다. 다른 소기관과는 달리 고유한 DNA를 갖고 있다. 이를 미토콘드리아 DNAmtDNA라 한다. mtDNA는 1만 6569bp의 원형으로 이루어져 있다. 이러한 원형 구조 때문에 미토콘드리아가 분열하여 새롭게 태어나도 길이가 짧아지지 않아 이론상으로 영원히 증식할 수 있다. 엽록소와 원핵생물도 이러한 원형 DNA를 갖고 있어 내공생 이론을 뒷받침한다. 그런데 mtDNA는 활성산소의 공격에 매우 취약하여 쉽게 손상을 입는다. 실제로 돌연변이가 세포핵의 DNA에 비해 10~20배나 더 잘 일어난다. 그 이유는 미토콘드리아 내벽에서 생성되는 활성산소에 가장 인접해 있어 쉽게 공격받고, 이를 방어하거나 손상된 곳을 수리할 수 있는 효소가 결핍되어 있기 때문이다.

미토콘드리아는 외벽과 내벽의 이중막으로 둘러싸여 있으며, 내벽에서는 영양소에서 얻은 전자를 5개의 복합체(complex I~V)로 이동시키는 과정에서 ATP, 즉 에너지를 만들어낸다.

내벽의 이러한 구조를 전자전달계TCA라 부르고, 마지막 단계인 복합체 V에서 ADP에 인phosphate 하나가 더해져 ATP로 만들어지는 과정을 산화인산화Oxidative phosphorylation, OXPHOS라고 부른다. 전자전달계의 복합체는 서로 분리되어 매우 엄격하게 통제되며 전자의 이탈을 철저히 막고 있다. 하지만 이 과정에서 빠져나온 전자가 결합하면 활성산소인 슈퍼옥사이드가 되어 세포를 손상시킨다.

전자전달계의 복합체는 100여 개의 단백질로 구성되어 두 벽 사이에 존재하는데, 이 중 13개의 단백질이 mtDNA의 암호로 합성된다. 따라서 mtDNA가 손상을 입으면 이 단백이 생성되지 않아 미토콘드리아 기능이 저하된다. 또한 미토콘드리아의 내부 공간에서는 매우 중요한 두 가지 대사가 일어난다. 바로 탄수화물대사(TCA cycle)와 지방대사(β-oxidation)다. 당과 지질의 대사는 신체의 발육과 성장, 노화와 관련하여 에너지를 얻거나 저장하는 과정에서 필수적인 부분으로, 미토콘드리아의 기능부전이 바로 이들과 연관된 질환들과 밀접한 관계를 맺고 있다.[4]

미토콘드리아의 또 다른 중요한 기능 중 하나는 세포가 손상을 입었을 때 세포의 운명을 결정하는 과정에 주도적으로 참여한다는 것이다. 손상된 부분을 용해하여 다시 새롭게 만드는 과정을 자가포식현상이라고 하며, 활동을 멈추고 죽게 만드는 과정을 세포자멸사라고 한다. 세포가 손상되었다는 신호가 감지되면 미토콘드리아 벽에 일시적으로 침투 구멍인 PTP permeability transition pore가 생겨 전자를 전달하던 전자전달계의 구조물인 사이토크롬C가 빠져나가는데, 이를 시작으로 연속 반응이 일어나 세포가 스스로 죽게 된다. 이것이 세포자멸사다.[5] 만약 손상을 입은 정도가 심하지 않은 경우는 미토콘드리아 벽에서 세포자멸사를 일으키는 분자생물학적 과정을 억제하며 자가포식현상으로 유도한다. 이 경우 손상된 소기관을 재생하여 세포를 새롭게 한다. 즉 고쳐 쓰는 것이다. 이러한 세포 내 두 가지 분자생물학적 경로는 상세히 밝혀지고 있지만 이 장에서 설명하고자 하는 범위를 넘어가므로 생략한다. 아무튼 이렇듯 미토콘드리아의 건강이 세포 생사를 결정한다. 그 외에도 미토콘드리아는 세포 내 대사와 생존에 매우 중요한 무기질인 칼슘 농도의 균형 유지에 관여한다.

미토콘드리아는 세포핵의 DNA에 의해 생성되고 또한 서로 융합과 분열을 하며 손상된 부위를 제거하며 새롭게 태어나는 과정을 반복한다.[6] 미토콘드리아 생성에는 핵호흡 인자 1과 2 nuclear respiratory factor 1 and 2, NRF, 미토콘드리아 전사 인자 mitochondrial transcription factor, mtTFA, 그리고 발열 생성 인자 PPAR gamma coactivator-1, PGC1-α 등이 중요한 역할을 한다.

미토콘드리아의 주요 기능

① 에너지 생성

② 지방산 분해(베타 산화)

③ 당의 분해(TCA 순환)

④ 세포자멸사와 자가포식현상에 관여

⑤ 세포 내 칼슘과 인의 항상성 유지

미토콘드리아 기능부전의 영향

2000년대 초, 쥐 모델을 이용하여 미토콘드리아의 기능부전이 노화의 원인이 된다는 것을 증명한 연구들이 발표되었다.[7,8] 쥐 들에게 mtDNA의 돌연변이가 정상 쥐보다 많아지도록 조작했 더니 체중 감소, 탈모, 골다공증, 피하지방 감소, 척추 변화, 빈 혈, 수정률 감소 등 노화와 관련된 신체 증상이 나타났고 더불 어 평균수명이 현저히 감소했다. 저자들은 이것이 노화의 미 토콘드리아 이론을 처음으로 증명하는 연구라고 설명했다.

사람을 대상으로 한 연구로는 18세에서 89세까지 146명 을 대상으로 근육세포에서 미토콘드리아의 기능과 기타 신체 지표와의 관련성을 알아본 결과 나이가 듦에 따라 mtDNA의 돌연변이와 ATP 생성이 유의하게 저하되었고, 그 정도가 운동력, 내당능과 관련이 있는 것으로 나타났다.[9] 이 결과는 노화에 따른 미토콘드리아 기능부전이 노인에게서 근육의 기능 저하와 연관성이 있음을 시사한다.

제2형당뇨병은 간과 근육의 인슐린 저항과 췌장에서의 인슐린 분비능 저하가 근본적 병인이다. 그런데 췌장의 베타세포에서 인슐린이 분비되는 과정에 미토콘드리아의 ATP 생성 기능이 중요한 역할을 할 뿐만 아니라 활성산소는 베타세포를 파괴하고 말초에서 인슐린 저항을 높이므로[10] 미토콘드리아의 기능 저하가 당뇨병 발생과 밀접한 관계가 있음을 알 수 있다. 따라서 노인에게서 당뇨병과 인슐린 저항이 증가하는 것의 원인이 미토콘드리아의 기능이 나이가 듦에 따라 저하되기 때문이라는 가설을 생각할 수 있다.[11] 실제로 인슐린 저항이 있는 노인은 미토콘드리아의 에너지 생성 기능이 40퍼센트 정도 감소되어 있다.[12]

또한 동맥경화의 발생은 고콜레스테롤증, 고혈당, 중성지방의 상승, 혈관 기능의 저하 등과 관련되는데 이들 요인이 활성산소에 의한 산화스트레스와 밀접한 관계가 있다. 산화스트레스는 저밀도 지단백의 산화를 촉진하고 혈관내피세포와 췌장 베타세포의 기능부전을 일으켜 동맥경화의 위험을 증가시킨다. 더욱이 미토콘드리아는 혈관 세포의 발육과 기능 유지에 필수적이므로 미토콘드리아의 기능이 저하되면 세포자멸

사가 촉진되어 동맥경화가 발생한다.[13]

한편 비만인은 정상인에 비해 미토콘드리아 기능이 떨어져 있어 에너지(ATP)를 잘 만들지 못한다. 그러면 몸이 에너지 생성을 늘리기 위해 식욕을 촉진하지만 체내로 들어온 과량의 음식 역시 미토콘드리아 기능부전 때문에 에너지로 바뀌지 못한다. 이렇게 사용되지 못한 영양소는 다시 지방으로 쌓여 비만이 심해지는 악순환이 지속된다. 즉 미토콘드리아 기능부전이 비만의 중요한 병인이 되는 것이다. 이러한 가설을 뒷받침할 만한 몇몇 연구가 있다. 쥐에게 ATP 생성을 저하하는 억제제를 투여하면 식욕이 증가한다.[14] 또한 운동 능력이 저하된 쥐는 미토콘드리아의 생성과 기능이 저하되어 에너지 생산을 잘하지 못한다.[15] 사람을 대상으로 한 연구를 보면 비만인들은 간내 ATP 생성이 저하되어 있으며, 운동력 저하와 피곤함은 근육 내 ATP 저하와 관련이 있다.[16] 뿐만 아니라 비만인에게서는 미토콘드리아 생성과 관련된 분자생물학적 인자들(PGC1-α, NRF-1, Tfam 등)의 발현이 감소되어 있다. 이와 같은 연구 결과들은 비만과 대사증후군의 중요한 병인이 미토콘드리아의 기능부전임을 시사한다.[17]

미토콘드리아 건강을 위한 전략

이와 같이 미토콘드리아는 거의 모든 질병의 출발점이자 활력과 건강 유지에 핵심 역할을 한다. 미토콘드리아를 건강하게 하는 전략은 무엇일까? 영양소 보충, 운동, 건강한 식단이 중심이 되어야 한다. 이에 대해 간략히 알아본다.

항산화 영양소 섭취

mtDNA는 활성산소에 의해 매우 쉽게 손상되므로, 미토콘드리아 벽에서 빠져나오는 활성산소를 중화하고 제거할 수 있는 체계를 튼튼히 해야 한다. 그러기 위해서는 우선 우리 몸에서 만들어지는 항산화효소들의 생성을 돕는 각종 무기질과 영양소를 충분히 섭취하는 것이 중요하다. 6장에서 설명한 바와 같이 내인성으로 가장 중요한 항산화효소인 SOD는 구리, 아연, 망간 등의 무기질을 구성 성분으로 한다. 또한 글루타티온은 3종류의 아미노산, 즉 글루탐산, 시스테인, 글라이신으로 구성된 항산화물질로 간에서 합성된다. 따라서 이러한 무기질과 아미노산의 섭취가 큰 도움이 된다. 다양한 영양소가 함유된 건강 식단에 신경 써야 하는 이유다.

각종 항산화 비타민을 비롯한 외인성 항산화 영양소의 충분한 공급도 필요하다. 하지만 미토콘드리아 내벽은 전위차가 매우 크기 때문에 일반 항산화제가 내부로 잘 들어가지 못한다. 이 때문에 일부 의학자들은 항산화제에 지용성 이온을 곁사슬에 붙여 투과성을 높이는 항산화 비타민을 만들기도 했다.[18] 앞서 언급한 미토 코엔자임 큐, 미토 비타민E다. 하지만 그 효용성을 평가하려면 더 많은 임상 결과가 필요하다.

미토콘드리아를 위한 항산화제 가운데 주목해야 할 것이 있다. 바로 코엔자임큐텐과 멜라토닌이다. 미토콘드리아 전자 전달계의 복합체 I과 III는 다른 복합체에 비해 전자가 잘 빠져나오는 곳인데, 코엔자임큐텐은 복합체 I과 II에서 복합체 III으로 전자를 전달해주는 운반체다. 따라서 코엔자임큐텐은 항산화 역할을 함과 동시에 전자전달계의 기능을 튼튼히 해준다.[19] 코엔자임큐텐은 음식을 통해 약 40퍼센트를 얻고 나머지 60퍼센트는 우리 몸에서 생성된다. 코엔자임큐텐의 체내 합성은 HMG-CoA 환원효소 경로라 불리는 대사 과정을 통해 만들어진다. 그런데 콜레스테롤도 이 경로를 통해 만들어지기 때문에 콜레스테롤 합성을 억제하는 스타틴 계열 약물들(HMG-CoA 환원효소 억제제)을 복용하면 코엔자임큐텐 생성도 함께 억제된다. 스타틴의 비교적 흔한 부작용인 근육통, 근무력감, 피곤함 등이 코엔자임큐텐의 감소와 관련이 있다. 이 때문에 스타틴을 복용하는 환자에서 비특이적인 신체 증상이 동반될 때 코엔자임큐텐의 보충을 고려할 필요가 있다.

또 한 가지 중요한 것은 멜라토닌이다. 멜라토닌은 미토콘드리아에 특화된 항산화제다. 강력한 항산화 효과가 있는 멜라토닌은 특수한 통로로 미토콘드리아 내부로 들어가 활성산소를 중화하고 mtDNA를 보호할 수 있다. 사용법 및 자세한 내용은 5장에서 상술한 바 있다.

운동

미토콘드리아는 세포핵의 신호에 의해 생성된다. 이때 가장 중요한 신호전달체가 바로 PGC1-α다. 그리고 운동이 가장 강력한 PGC1-α 유발 방법이다. 유산소운동과 근력운동이 모두 필요한데, 운동을 처음 시작했을 때 숨도 차고 힘이 들다가 수 주가 지나면 훨씬 편안해지는 것이 바로 PGC1-α에 의해 미토콘드리아가 새롭게 생성되었기 때문이다.

저칼로리의 건강한 식단

칼로리 제한을 할 때 우리 몸의 유전자는 서투인SIRT이라는 물질을 생성한다. 현재까지 7종류가 밝혀져 있는데, SIRT3, SIRT4, SIRT5가 미토콘드리아 내부에서 에너지 생성과 대사, 그리고 인슐린 분비 등을 조절하며 역할을 수행한다.[20] 이 중 SIRT3의 역할이 가장 잘 알려져 있다. SIRT3는 전자전달계의 기능을 돕고, 지질과 탄수화물 대사에도 역할을 담당한다. 따라서 이들의 생성과 역할을 강화하는 것이 미토콘드리아 건강과 직결된다. 과식을 피하고 폴리페놀과 같은 서투인 활성화 영양소 등을 충분히 섭취할 필요가 있다. 칼로리 제한 식사를 하면 전사 보조인자인 PGC1-α와 AMPK 등의 효소가 활성화되어 미토콘드리아 생성을 돕는다.

체중 감량

앞서 설명했듯이 비만은 미토콘드리아의 생성을 억제하고 기능을 떨어뜨린다. 이는 비만한 사람들이 피곤함을 많이 느끼는 이유 중 하나일 것이다. 따라서 식이요법과 운동으로 적절한 체중을 유지하는 것이 중요하다.

스트레스 감소를 위한 이완 요법

스트레스는 자율신경 중 교감신경을 흥분시켜 세포 내 에너지대사를 방해하고, 염증성 사이토카인의 생성을 높여 활성산소를 증가시키는 등 미토콘드리아 건강에 나쁜 영향을 미친다. 자신에게 맞는 이완 요법 혹은 운동을 체질화하여 실행하는 것이 필요하다.

항염 식단

염증성 사이토카인이 미토콘드리아의 손상을 더욱 크게

하고 기능을 떨어뜨린다. 특히 폴리페놀이 많이 함유된 식단은 소식과 비슷한 효과를 내어 여러 분자생물학적 경로를 활성화한다. 또한 오메가3 등 필수지방산도 미토콘드리아 건강에 도움이 된다.

8장

소식으로 밝혀진
노화의 원인과 비밀

지구상의 모든 생명체는 생명 유지를 위한 에너지를 외부 환경에서 얻는다. 사람을 포함한 모든 생명체는 환경적 변화에 능동적으로 반응하고 적응하며 살아간다. 따라서 영양소가 보내는 신호를 감각하고 전달하는 신호체계는 단세포 생명체부터 영장류까지 고도로 진화하며 발전해왔다. 척박한 땅에서 먹고사는 문제가 가장 중요하기 때문이다.

지금까지 노화 연구를 위한 실험 모델에서 일관되게 나타나는 공통된 특징이 있다. 그것은 영양소와 관련된 신호가 활성화되지 않는 종이 오래 산다는 것이다. 즉 영양소 섭취가 적은 종이 장수하는 것이다.[1] 이는 먹을 것이 부족할 때 살아남기 위해 유전적·생리적 방어기전이 진화되어왔기 때문이다. 소식이 주는 견딜 만한 배고픔, 즉 적당한 스트레스가 오히려 건강에 유리한 이유다. 지금까지 지구상 모든 종은 영양소가 넘치는 때를 대비하여 유전적으로 진화할 필요가 없었다. 먹을 것이 풍족한 적이 없었기 때문이다. 하지만 요즈음 비만은 현대인들의 건강에 가장 중요한 적이 되고 있다. 이러한 사실을 생각해볼 때 어느 때보다 소식에 대한 올바른 이해와 적용이 필요하다. 이 장에서는 소식(칼로리 제한)이 장수와 건강에 미치는 비밀을 소개한다.

칼로리 제한 연구의 역사

2700여 년 전 그리스 시인 헤시오도스는 소식의 미덕을 이렇게 기록했다. "바보들은 절반이 전체를 능가한다는 사실을 모른다. 음식을 아끼고 적절하게 먹는 것이 얼마나 복된 일인지."[2] 이같이 음식을 배불리 먹지 않는 것이 건강에 유익하다는 속설은 고대 그리스나 로마에서부터 유래되었다. 이후 영국의 철학자 프랜시스 베이컨은 자신의 저서에 "적게 먹는 것이 장수의 비결로 보인다"라고 적었고, 미국의 조지 워싱턴은 "오래 살려면 무엇보다 먼저 식욕을 절제해야 한다"라고 기술했다.[3] 거친 음식을 주로 먹었다는 조선 21대 왕 영조의 장수 비결도 섭취 칼로리가 적은 소식에 있었을 것이다.

20세기가 되면서 경험적으로 알고 있던 소식의 효과들이 과학으로 증명되기 시작했다. 1917년 토머스 오즈번Thomas Osbourne 등은 식이 제한으로 발육이 저해된 쥐들의 수명이 증가함을 단신으로 보고했다.[4] 이어 1935년 클라이브 매케이Clive McCay 등은 잘 설계된 연구를 통해, 장에서 흡수되지 않는 셀룰로스가 함유된 식이로 칼로리 제한을 한 쥐에서 수명 연장의 효과가 있음을 처음으로 보고했다.[5] 그 후 20~40퍼센트의 칼로리 제한이 이스트, 선충, 초파리부터 쥐와 개, 소에 이르는 포유류까지 다양한 생명체에서 평균수명과 최대 수명을 30~60퍼센트 증가시키며, 암을 포함하여 당뇨병, 심혈관질환 등 노화와 관련된 질환의 발생을 억제하는 것으로 밝혀졌다.[6]

이후 칼로리 제한의 생명 연장 효과에 SIR2silence information regulator 2 유전자와 이에 의해 발현되는 Sir2 단백이 관여한다는 사실이 밝혀졌고,[7] 이어서 칼로리 제한과 관련된 다른 분자생물학적 기전과 경로가 소상히 밝혀지면서[8] 노화방지의학의 새로운 지평이 열리고 있다. 톰 커크우드Tom Kirkwood가 제창한 일회가용신체설[9]이 진화의학 관점에서 본 노화의 관념적 가설이었다면 칼로리 제한에서 밝혀지고 있는 다양한 효과들은 이를 뒷받침하는 확실한 증거가 된다.

한편 사람을 포함한 영장류에서 칼로리 제한의 효과를 알아보기 위해 1980년대 후반부터 미국 국립노화연구소와 위스콘신대학교가 붉은털원숭이를 대상으로 장기간의 대규모 연구를 진행했다. 위스콘신대학교의 연구에서는 기대했던 대로 수명 연장과 노화 관련 질환 발생 억제가 증명되었으나,[10] 국립노화연구소 연구에서는 칼로리 제한의 효과가 통계적으로 유의하지 않았다.[11] 이렇게 두 기관에서 서로 다른 연구 결과가 나타난 이유는 지금도 논란 중이다.

하지만 비교적 최근에 사람을 대상으로 시행된 단기간의 임상 연구들에서 건강에 유익한 긍정적인 결과가 나타나면서,[12, 13] 소식이 노화 진행과 이와 관련된 만성질환의 발생을 억제할 수 있다는 대전제는 많은 의학자들에게 사실로 받아들여지고 있다. 다만 칼로리 제한을 사람의 건강 증진을 위해 연령, 건강상태, 질병 유무 등에 따라 구체적인 지침으로 적용하려면 아직도 새롭게 연구되고 밝혀져야 할 부분이 실로 많다고 할 수 있다. 그 외에, 칼로리 제한 없이도 비슷한 효과를 낼 수 있는 천연물이나 약제 개발에 대한 관심도 높아지고 있다.[14]

붉은털원숭이 연구로 본 칼로리 제한의 효과

칼로리 제한은 매우 다양한 종에서 광범위하게 나타나며 가장 효과적이고 유일하게 검증된 수명 연장 및 노화 관련 질환 예방법이다. 다양한 동물실험의 결과를 보면 20~30퍼센트로 칼로리를 제한한 동물들은 통상적인 식이를 한 동물들보다 훨씬 건강하고 활동적이다. 뿐만 아니라 칼로리 제한은 대다수 노화 관련 질환의 발생을 지연시키고 진행을 억제하며 면역기능을 좋게 하고 궁극적으로 노화 과정을 늦춘다.[15, 16]

이때의 칼로리 제한은 영양결핍을 초래하지 않으며 칼로리 섭취를 줄이는 것을 의미한다. 다시 말해 칼로리 제한은 통상적으로 칼로리를 20~30퍼센트 정도 줄이면서도 비타민을 비롯한 필수영양소 등은 충분히 공급해주는 것이다. 엄밀한 의미로, 식사량의 절대량을 줄이는 식이 제한과 칼로리만을 줄이는 칼로리 제한은 구별된다. 때때로 칼로리 제한에 대한 그릇된 개념에 따라 기아 상태에 빠질 정도로 식사량을 줄이는 바람에 칼로리 제한의 효과가 제대로 인식되지 못하는 경우가 있다. 대다수는 20~30퍼센트 칼로리 제한을 할 경우 일일 필요량을 기준으로 미세 영양소의 결핍이 일어나지 않으나, 그래도 칼로리 제한 시 영양소의 불균형이 없도록 주의해야 한다.

미국 국립노화연구소에서는 1987년에 붉은털원숭이 200마리, 또한 위스콘신대학교에서는 1990년에 80마리를 대상으로 영장류에서 30퍼센트 칼로리 제한의 효과를 알아보는 관찰연구를 시작했다. 붉은털원숭이의 평균수명이 26년 정도 되기 때문에 오랜 시간이 필요한 연구다. 중간 결과로서 우선 발표된 붉은털원숭이 실험 보고를 보면 30퍼센트 칼로리 제한을 한 원숭이들은 실험을 시작한 지 3~5년이 지난 시점부터 체중이 감소하면서, 인슐린 민감도 증가, 지질지표 개선, 중심체온* 저하, 수축기 및 이완기 혈압 저하, 염증 표지자인 C-반응단백의 감소, IGF-1 감소, DHEA-s 수치 증가 등 건강 및 항노화 표지자가 호전되는 것으로 나타났다.[17] 참고로 볼티모어 종적 노화 남성 연구Baltimore Longitudinal Study of Aging Male 결과를 보면 사람에게서 장수와 관련된 생체 표지자는 DHEA(높을수록 좋음), 인슐린(낮을수록 좋음), 중심체온(낮을수록 좋음)이었는데, 이는 칼로리 제한 원숭이에게도 동일하게 나타나는 결과였다.[18]

이런 중간 결과로 당시 의학자들은 칼로리 제한이 원숭이의 장수와 질병 예방에 긍정적인 영향을 줄 것으로 기대하고 있었다. 먼저 발표된 위스콘신대학교 연구의 최종 결과[19]는 이에 부합했다. 마음대로 먹은 원숭이는 칼로리 제한 원숭이에

* 창자나 심장 같은 신체 내부 기관의 온도.

비해 노화 관련 질환의 발현과 이로 인한 사망 위험이 약 3배 높았다. 이에 반해 칼로리 제한 원숭이는 체중이 25퍼센트 감소했고 건강지표가 호전되었으며 생존율이 유의하게 증가했다. 칼로리 제한의 수명 연장 및 노화 관련 질환 예방 효과가 입증된 것이다.

그런데 뒤이어 발표된 미국 국립노화연구소 연구 결과에서는 칼로리 제한 원숭이의 수명이나 암, 당뇨병, 심혈관질환 등 노화 관련 질환의 이환율에 차이가 나타나지 않았다.[20] 이와 같이 상반된 결과를 보인 이유는 무엇일까? 생존 기간이 긴 영장류에서는 개체나 실험 조건마다 칼로리 제한 효과가 다르게 나타나는 것일까? 하지만 두 실험의 데이터를 면밀히 분석해보면 두 연구 결과가 다름에도 불구하고 영장류에서 칼로리 제한 효과가 있으며, 또한 몇 가지 중요한 사실을 내포하고 있음을 알 수 있다.[21]

칼로리 제한 효과의 전제

첫째는 영장류의 경우 성장과 발육이 끝난 시점에서 칼로리 제한을 시작해야 효과적이라는 것이다. 위스콘신대학교 연구의 경우 원숭이들의 나이는 모두 여덟 살 이상으로 성년 이후인 반면 국립노화연구소는 나이에 따라 소아/청소년, 성인/고령층으로 나누어 실험을 진행했다. 위스콘신대학교의 원숭이들은 칼로리 제한 효과가 분명하게 나타났지만, 국립노화연구소 소아/청소년 군의 경우, 칼로리 제한을 한 군이 대조군에 비해 사망이 80퍼센트 정도 더 빨리 나타났고 고령층에 비해 평균수명이 짧았다. 이러한 결과는 영장류의 경우 발육과 성장 과정에서 칼로리 제한이 오히려 해가 될 수 있음을 시사한다. 이는 진화의학의 관점과도 일치한다.

둘째는 균형 잡힌 식단이 중요하다는 것이다. 국립노화연구소의 식단은 실험군과 대조군 모두 각종 비타민과 미네랄, 오메가3지방산이 포함된 건강식이었다. 게다가 국립노화연구소는 비만에 의한 역효과를 제거하기 위해 대조군에게도 나이와 체중으로 필요한 칼로리를 계산하여 과도하지 않게 제공했다. 그 결과 국립노화연구소의 경우, 식이 제한을 하지 않은 대조군 원숭이들도 칼로리 섭취와 체중이 위스콘신대학교에서 칼로리 제한을 한 원숭이들과 비슷했고, 그리고 수명 또한 위스콘신대학교의 칼로리 제한 원숭이와 비슷하거나(암컷), 오히려 더 길었다(수컷). 이는 다른 관점에서도 볼 수 있다. 위스콘신대학교 대조군 원숭이들의 수명과 체중이 보통 우리에서 기른 다른 원숭이들과 비슷하다는 점을 고려할 때 국립노화연구소의 원숭이들은 대조군에서도 이미 칼로리 제한 효과가 나타나고 있었고, 실험군과 대조군의 차이가 없었던 이유는 어느 한계점 이상으로 칼로리 제한을 해도 추가되는 이득이 없기 때문일 수 있다. 이는 추가 연구를 통해 밝혀져야 할 내용이다.

마지막으로 성별과 종 등 유전적 특성에 따라 칼로리 제한 효과가 다르다는 것이다. 두 연구 기관 모두 수컷에게서 칼로리 제한으로 인한 체중 및 체지방률 변화가 현저히 나타나, 영양에 따른 체성분 조성의 변화가 성별에 따라 다를 수 있음을 시사해준다. 또한 국립노화연구소의 원숭이들은 인도와 중국 두 곳에서 왔는데, 중국 원숭이들은 수컷의 경우 인도보다 더 크고 체중이 무거웠으며 암컷은 이와 반대였다. 이러한 유전적 특성이 칼로리 제한 효과에 영향을 줄 수도 있다. 따라서 사람에게 칼로리 제한을 고려할 때 연령, 건강상태나 병력, 가족력 등 개인별 특성에 따라 다르게 적용해야 할 것이다. 실제로 설치류의 실험에서도 칼로리 제한 효과가 모두 동일하게 나타나는 것이 아니고, 식이 제한을 하지 않았을 때 체중이 증가되는 정도에 따라 차이를 보인다.[22] 즉 평상시 식사로 비만인 사람들이 정상체중인 사람들보다 칼로리 제한의 이득이 더 크게 나타날 수 있는 것이다. 결론적으로 두 연구 기관의 서로 다른 결과에도 불구하고 건강치 못한 식단으로 비만 유병률이 급증하고 있는 현대인들에게는 중요한 시사점이 있다. 비만인 사람이 성인 이후에 영양소가 균형 잡힌 식단으로 칼로리 제한을 하면 정상체중인 사람보다 더 큰 이득을 얻을 수 있음을 알려주기 때문이다.

사람에게서 나타난 칼로리 제한 효과

종교적, 문화적 이유로 장기간 일반인에 비해 적은 칼로리를 섭취하고 있는 집단에서 심혈관질환들, 여러 종류의 암, 제2형당뇨병, 뇌졸중, 비만 등의 발생 위험이 감소한다는 것은 잘 알려진 사실이다. 다른 지역에 비해 약 20퍼센트 정도 적은 칼로리를 섭취하는 습관이 있던 오키나와 지역 거주민들은 뇌혈관질환, 악성종양, 심장질환에 의한 사망률이 다른 지역보다 절반 이상 낮았다.[23] 또한 종교 등의 이유로 채식을 주로 섭취하는 사람들도 지질지표와 인슐린 민감도, 염증 표지자, 경동맥 내벽의 두께가 유의하게 낮았다.

보다 실험적인 연구 결과로는 1991년에서 1993년까지 애리조나에서 수행된 바이오스피어2 자료가 있다.[24] 원래 지구에서 돔 모양의 인공 생태계를 형성해 인간의 생존 가능성을 알아보고자 과학자 여덟 명이 2년간 거주하는 연구였는데, 뜻하지 않은 환경 조절의 실패로 이들이 하루에 평균 1800칼로리의 식사를 하게 되었다. 이 연구의 본래 목적은 실패했지만 20~30퍼센트의 칼로리 섭취 제한으로 지방량 감소, 혈압 저하, 염증 표지자 및 혈당, 인슐린 수치 감소, 그리고 호르몬과 혈중 지질 수치 변화 등 건강지표가 개선되었으며 모두 2년간 양호한 건강상태와 신체·정신 활동을 유지할 수 있었다.

최근의 임상 연구로는 칼레리CALERIE와 칼레리2 두 연구

표 8-1 **칼레리2 임상 연구의 주된 결과들**[25]

정신 건강		인지기능	
기분, 삶의 질	↑	업무 기억	↑
외모에 대한 관심	↓	회상	↔
식이 제한	↑	반응 시간	↔
우울증	↔		
심대사 위험 표지자		**체성분**	
공복 인슐린	↓	체중	↓
내당능	↑	지방량	↓
중성지방/총콜레스테롤	↓	복부지방	↓
저밀도지단백 콜레스테롤	↓	골밀도	↓
고밀도지단백 콜레스테롤	↑	제지방/지방 비율	↑
호르몬		**에너지대사**	
갑상샘호르몬(T3)	↓	단위무게당 에너지 소비	↓
렙틴	↓	24시간 중심체온	↔
아디포넥틴	↑	수면 시 중심체온	↓
코르티솔/IGF-1	↔		
염증, 면역, 산화스트레스			
C-반응단백	↓		
백혈구 수	↓		
F2-이소프로스탄	↓		

의 결과가 있다. 칼레리 연구[26]에 따르면 6개월간의 임상 실험에서 25퍼센트 칼로리 섭취 제한군과, 12.5퍼센트 칼로리 섭취 제한과 12.5퍼센트 운동 요법을 병합한 군에서 공복 인슐린 농도와 중심체온이 낮아졌다. 이 두 가지 인자는 과거 볼티모

어 연구에서 수명과 관련 있음이 보고된 바 있는 지표다. 칼레리2 연구는 218명을 대상으로 2년간 25퍼센트 칼로리 제한의 효과를 알아보기 위해 계획되었는데, 실험 참가자들이 실제로 제한한 칼로리는 12퍼센트 정도였다. 그럼에도 체중 감소, 혈당 및 인슐린 민감도 개선, 대사증후군 지표 개선, 지질지표 개선과 함께 생체나이가 감소했고, 각종 호르몬 지표, 산화스트레스 정도가 모두 호전되었음이 보고되었다.[27] 이 연구에서 대상자는 체질량지수가 22~27.9kg/m²으로 정상~과체중 범위였고 나이는 21~50세였다. 결론적으로 사람에게서 칼로리 제한에 의한 효과는 노화 관련 질병 예방과 수명 연장까지는 증명하지 못했지만 각종 건강지표가 유의하게 호전되며 활력과 건강감을 좋게 하는 것으로 나타났다.

칼로리 제한 효과의 기전

칼로리 제한이 세포의 손상을 막고 동물실험에서 궁극적인 수명 연장 효과를 보이는 기전은 무엇일까? 아직까지 분명치는 않다. 지금까지 여러 의학자들이 다양한 가설로 칼로리 제한 효과를 설명하고 있다.[28] 대표적인 가설을 간략히 소개하면 다음과 같다. 이 중 가장 마지막에 소개되는 호르메시스Hormesis

이론은 진화의학의 거시적 관점에서도 세포 내 영양소와 관련된 분자생물학적 경로를 가장 잘 설명하고 있다.

활성산소에 의한 세포 손상의 감소

노화의 가설 중 유리라디칼 이론은 활성산소로 인한 세포의 손상이 축적되는 것을 노화의 원인으로 설명한다. 이 이론에 따르면, 칼로리를 제한하면 활성산소의 생성이 감소하여 세포의 손상이 경감되기 때문에 효과가 나타난다. 칼로리를 제한했을 때 산화스트레스와 염증 표지자가 감소하는 것은 분명한 사실이다. 하지만 이것이 칼로리 제한 효과의 주된 원인이라는 증거는 아직 없다. 만약 활성산소의 경감이 칼로리 제한의 기전이라면 항산화제 사용으로도 이와 비슷한 효과를 얻을 수 있어야 한다. 하지만 대부분의 항산화제 연구에서 이러한 효과가 입증되지 않았다.

체내 대사율 감소

1908년 막스 루브너Max Rubner와 레이먼드 펄Raymond Pearl은 평생 소모하는 에너지의 총량은 일정하고 수명은 에너지를 소모하는 속도에 따라 결정된다는 대사속도이론rate of living theory을 주장했다.[29] 겨울잠을 자는 동물이 수명이 길고, 중심체온이 사망률과 관련 있다는 연구들이 그 근거다. 실제로 칼로리 제한을 했을 때 중심체온과 기초대사량이 저하되는 경향이 있는데, 이것이 칼로리 제한 효과의 이유라는 주장이다.

체지방 감소

지방은 체내 염증을 높이고 인슐린 저항, 지질대사 등 건강지표에 나쁜 영향을 미친다. 유전자조작으로 지방세포에 지방이 축적되지 못하도록 한 쥐의 연구에서 실험 쥐는 체중이 현저히 감소하지만 단위 몸무게당 기초대사량은 일반 쥐보다 훨씬 증가한다. 그런데 이들 쥐의 수명이 증가하고 인슐린 민감도나 지질지표 등의 건강지표가 개선된다.[30] 이 실험의 의미는 기초대사량이 높아 활성산소가 많아지는 것보다는 지방량 자체가 수명과 건강에 나쁜 영향을 주는 것이라고 생각할 수 있다. 따라서 칼로리 제한의 건강상 이득은 체중 감소가 원인이라는 주장이다.

인슐린과 성장호르몬 체계의 변화

100세 이상 노인들의 중요한 특징은 인슐린과 IGF-1 수치가 낮다는 것이다. 인슐린과 성장호르몬은 외부의 영양분이 충분할 때, 즉 환경이 좋을 때 발육과 성장을 위해 분비되는 호르몬들이다. 말하자면 영양분이 충분할 때 분비되는 성장 촉진 인자들이다. 이러한 호르몬은 일회가용신체설 관점에서 볼 때, 발육과 성장은 좋게 하지만 신체의 유지와 보수에는 나쁜 영향을 미친다. 그런데 칼로리를 제한하면 이들 호르몬 수치가 낮아진다. 이것이 칼로리 제한 효과의 이유라는 주장이다.

호르메시스 이론

최근 발표되는 연구들을 볼 때 칼로리 제한 효과를 가장 잘 설명해주는 것은 호르메시스 이론이다. 이 이론은 개체가 견딜 수 있는 정도의 저강도 자극은 종류에 관계없이 긍정적인 영향을 주고 그것이 역치를 넘어서는 순간 해가 된다고 설명한다. 이 이론에 따르면 20~30퍼센트 정도 칼로리를 제한할 때 우리 몸은 이를 척박한 환경이 도래했다고 인식하여, 세포와 조직을 보호하고 신체를 가능한 오랫동안 유지하고 보수하려고 이와 관련된 신호전달 체계를 활성화한다. 즉 생존을 위해 당, 지방, 단백질의 대사를 조절하며, 호르몬 분비를 통해 능동적으로 개체를 보호한다. 가설에 불과했던 이러한 이론이 새롭게 주목받기 시작한 것은 2000년대에 들어 이스트를 이용한 연구에서 SIR2 유전자가 발견되면서부터다. SIR 유전자는 영양 공급이 충분치 않을 때 활성화하여 Sir 단백을 생성하고, 이것이 다시 생명 유지에 매우 중요한 생체신호체계의 각종 전사 인자들을 활성화한다.[31] 이스트 연구에서 이 경로를 억제하면 칼로리 제한에 의한 수명 연장 효과가 사라진다.

진화론적 관점에서 본 식이 제한의 효과

호르메시스 이론은 진화론적 관점에서 생각하면 더욱 이해가 잘 된다. 일회가용신체설에 의하면 개체는 필요한 외부 자원이 충분하면 발육과 성장으로 에너지를 집중하여 궁극적 목표인 생식을 이루려 한다. 마치 브레이크 없는 자동차와 같다. 하지만 외부 자원이 부족해지면 신체의 유지와 보수에 관련된 회로를 작동시켜 생존에 집중하여 다음 기회를 기다린다. 이것이 늘 자원이 부족한 척박한 땅에서 살아야 하는 지구상 모든 생명체의 생존과 번식의 전략일 것이다. 곰팡이가 외부 환경이 안 좋을 때 포자가 되어 생존 기간을 늘리는 것도 이러한 전략의 일종이다.

이러한 관점에서 볼 때 생식이 가능한 젊은 연령층까지는 충분한 칼로리 섭취를 하는 것이 필요하지만 그 후는 적절히 칼로리 제한을 하는 편이 건강에 유리할 것이다. 선사시대부터 인류는 항상 먹을 것이 부족한 상태에서 굶주림의 위험에 직면하며 살아야 했다. 이에 따라 영양부족 상태를 견딜 수 있는 방향으로 진화되어왔다. 그런데 이제는 농업기술과 과학기술의 발달로 많은 나라에서 먹을 것이 넘치는 시대에 살고 있다. 하지만 우리 신체는 이러한 환경 변화를 준비하고 적응할 수 있도록 진화하지 못했다. 이 때문에 오늘날 기대수명은 늘어났지만 대사증후군과 각종 노화 관련 만성질환이 많아지고 늘어난 수명만큼 건강하게 지내지 못하는 것이다.

칼로리 제한과 관련된 분자생물학적 생체신호체계들

칼로리를 제한할 때 세포 내에서 활성화되거나 억제되는 분자생물학적 경로가 비교적 상세히 밝혀졌다. 활성화되는 주된 경로는 AMP-활성 단백질 인산화효소, 서투인, 오토파지이고, 억제되는 경로는 라파마이신 관여 포유류 신호전달 체계 m-TOR와 IGF-1이다. 여기서 놀라운 점은 칼로리 제한의 분자생물학적 경로가 건강 식단, 즉 폴리페놀 등의 식물성 영양소로 활성화되는 경로와 많은 부분에서 일치한다는 것이다. 이에 따라 많은 의생명학자들이 칼로리 제한과 동일한 효과를 내는 천연물이나 약제 개발에 힘을 기울이고 있다. 다소 어렵게 느껴질 수 있는 분야이지만 향후 가까운 미래에 보다 익숙한 용어들이 되리라 생각되어 간략히 설명하도록 한다.

AMPK

ATP는 우리 몸이 사용하는 기본 에너지로, 미토콘드리아의 내벽에서 생성된다. AMPK는 세포 내에서 지방산의 분해를 촉진하여 에너지를 만들고, 콜레스테롤과 지방산의 합성을 억

그림 8-1 AMPK의 다양한 효과

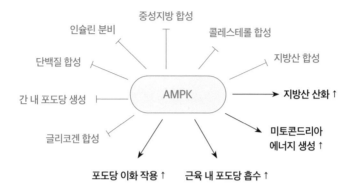

제하는 역할을 하는 효소다. 즉 에너지 생성의 스위치 역할을
한다. AMPK가 활성화되면 지방 합성을 억제하고 분해를 촉진
하며, 혈당과 콜레스테롤 중성지방 수치를 낮추고, 인슐린 분
비를 억제하여 민감도를 높인다. 또한 미토콘드리아 생성이
증가하고 세포자가포식, 즉 오토파지도 활성화된다. 이 모든
과정이 건강 증진과 질병 예방 그리고 장수에 도움이 된다. 따
라서 칼로리 제한에서 나타나는 건강 증진 효과에 AMPK 신호
체계의 활성화가 중요한 역할을 한다고 할 수 있다.

서투인 관련 신호체계

서투인은 미토콘드리아에서 에너지 생성에 필요한 재료가 되는 니코틴아마이드 아데닌 다이뉴클레오타이드NADH가 적은 상태, 즉 영양소가 부족한 상태에서 활성화되어 에너지대사와 세포의 분열과 증식, 미토콘드리아의 기능과 생성, 항염증, 그리고 세포자가포식 등의 과정에 중요한 역할을 하는 단백이다. 포유류에는 세포 내 위치 및 역할에 따라 SIRT1부터 SIRT7까지 총 7종류가 밝혀졌다. 칼로리 제한 식이를 할 때 활성화되어 인슐린 감수성 증가, 항염증, DNA 수선, 성장 인자의 감소, 스트레스 저항도 증가 등에 관여하여 노화를 늦추고 건강 증진을 돕는다.[32] 적포도주에 많이 함유되어 있는 레스베라트롤과 같은 식물성 영양소 등도 서투인을 활성화한다.[33]

라파마이신 관여 포유류 신호체계

m-TOR 경로는 진화론적으로 이스트나 선충에서부터 사람과 식물에까지 존재한다. 개체의 발육과 성장에 관여하며, 영양 공급이 충분할 때 세포의 성장과 분열, 단백 합성을 촉진한다. 또한 지방의 분해를 억제해 지방을 축적하고 근육을 비대하게 만든다. 그리고 인슐린과 성장호르몬 수용체를 활성화한다. 젊은 시절 성장과 발육에 필요하지만 이후 노년의 건강을 위해 억제되는 것이 바람직하다. 칼로리 제한으로 이 경로

가 억제된다.

인슐린 및 IGF-1

인슐린과 IGF-1은 영양소가 충분하고 환경이 좋을 때 성장을 촉진하는 호르몬들이다. 세포의 수용체에 붙으면 m-TOR 경로로 신호를 보내 세포의 성장과 증식을 촉진한다. 인슐린은 대표적인 건강 표지자로 비만에서 인슐린 저항이 생겨 높아지고 정상인에서 총사망률과 밀접한 관계가 있다. IGF-1은 성장호르몬에 의해 간에서 생성되는 호르몬이다. 단백질을 합성하여 근육을 강화하고 힘과 지구력을 갖게 하지만 노인에게서 이 수치가 높을 경우 동맥경화로 심혈관질환과 암의 발생을 증가시킨다. 백세노인들은 특징적으로 낮은 수치를 유지하고 있다.[34]

세포자가포식

세포는 영양소가 부족하거나 활성산소에 의해 손상된 세포질 내 단백질이나 소기관들을 분해하고 재활용하여 새롭게 만드는 능력을 갖고 있다. 이를 세포의 자가포식현상 혹은 오토파지라 부른다. 자가포식은 영양결핍 환경에 적응하고, 손상된 세포 내 단백질이나 소기관을 제거하여 세포를 새롭게 하며, 암의 발생과 세포의 노화를 억제한다. 세포의 손상이 정도를 넘으면 자가포식은 억제되고 세포에 자살 신호를 보내 세포는 죽게 된다. 이를 세포자멸사라고 부른다. 자가포식과 세포자멸사의 갈림길에서 진행 방향의 선택은 미토콘드리아가 깊이 관여한다. 즉 미토콘드리아의 기능에 따라 세포의 삶과 죽음의 운명이 결정된다고 할 수 있다. 세포의 자가포식현상은 오토파지 관련 유전자autophagy related gene, ATG에 의해 조절되는데, 소식을 할 때 발현되며 AMPK, 서투인에 의해 활성화되고, m-TOR 경로에 의해 억제된다. 일부 의학자들은 소식 효과는 최종적으로 자가포식현상을 통해 나타난다고 주장하고 있다.

칼로리 제한을 하지 않고도 칼로리 제한 효과를 내는 물질

프렌치 패러독스French Paradox라는 말이 있다. 프랑스가 지방 섭취량이 비슷한 유럽의 다른 나라들에 비해 심근경색으로 인한 사망률이 40퍼센트 정도 낮은 현상을 의미하는 말이다. 그 이유에 대해 의학자들은 프랑스 사람들이 식사 때 즐겨 마시는 포도주 때문일 것이라고 예상했고, 포도주에 들어 있는 레스베라트롤이 칼로리 제한과 비슷하게 서투인을 활성화한다는 사실이 밝혀졌다. 이러한 식물성 영양소를 칼로리 제한 유사체Calorie restriction mimetics 또는 서투인 활성화 물질sirtuin activating compounds, STACs이라고 부른다.

이들은 칼로리 제한을 하지 않고도 세포 내에 칼로리 제한과 비슷한 대사, 호르몬, 생리적 변화를 야기한다. 현재 포도에서 다량 검출되는 폴리페놀인 레스베라트롤이 가장 주목받고 있으며 그 외 뷰테인butane, 피세아타놀piceatannol, 피세틴fisetin, 쿼르세틴quercetin 등이 이와 같은 작용을 한다. 이 중에서 레스베라트롤이 가장 많이 연구되었다.[35] 또한 최근 연구 결과 피세틴과 쿼르세틴은 노화 세포의 치료에 사용되며 새로운 지평을 열고 있다. 하지만 아직도 주로 쥐를 이용한 동물실험에서 효과를 증명한 연구들이고 사람에 대한 연구는 부족하다. 향후 머지않은 미래에 칼로리 제한과 유사한 효과를 나타내는 천연물이나 약제가 개발될 것으로 기대하고 있다.

그러면 식물성 영양소가 어떻게 칼로리 제한과 비슷한 효과를 낼 수 있는 것일까? 노화과학자 데이비드 싱클레어David Sinclair는 이것을 이종 간 호르메시스 가설xenohormesis hypothesis로 설명한다.[36] 즉 서투인을 통한 생존 전략은 모든 생명체에 보존되고 진화되었는데, 식물도 가뭄, 병충해, 자외선 등의 스트레스 상황에서 생존을 위해 서투인 활성화 물질을 만들어냈고, 이것을 사람이 먹었을 때에도 동일한 효과를 얻을 수 있다는 것이다. 가물고 태양이 작열하는 해에 만들어진 포도주에 레스베라트롤의 함량이 많은 이유가 여기에 있다. 또한 건강한 식단으로 가급적 다양하고 색깔이 진한 채소를 추천하는 까닭이기도 하다.

칼로리 제한은 어떻게 적용해야 할까?

건강한 삶을 위하여 칼로리 제한은 일상의 삶에 어떻게 적용할 수 있을까? 언제부터 시작해야 하는 것일까? 얼마나 줄여야 하나? 건강상태가 고려되어야 하나? 칼로리 제한 없이 식사 시간을 조절하는 간헐적 단식은 효과가 있을까? 아직 이러한 의문에 대해 분명하게 검증된 사실은 없다. 하지만 현재까지 연구 결과에 따라 식이 제한을 할 때 고려해야 할 점을 간략히 정리해본다.

칼로리 제한에 이득이 많은 경우

최근 연구 결과들은 칼로리 제한 효과가 다양한 조건에 있는 모든 동물에게서 동일하게 나타나는 것이 아니라고 말한다. 소할 등이 6만 마리의 쥐 실험 데이터를 분석한 결과 칼로리 제한의 수명 연장 효과는 쉽게 비만과 에너지대사의 불균형이 발생하는 종에서 잘 나타났다.[37] 이를 사람에게 적용하면 비만하고(특히 복부비만) 대사장애가 있는 가족력이나 병력이 있는 사람들에게 효과가 크게 나타나고, 반대로 정상체중이면서 평소 체중 변화가 별로 없는 사람들은 칼로리 제한 효과가 적게 나타날 수 있다고 생각할 수 있다. 붉은털원숭이 실험에서 칼로리 제한으로 체중 감량이 없는 경우 대조군에 비해 추가 이득이 없었다는 결과도 이러한 추측에 근거를 더해준다. 하지만 정상 혹은 과체중인 사람을 대상으로 2년간 25퍼센트 칼로리 제한을 시행한 칼레리2 연구의 경우 대부분의 건강지표가 호전되었고, 체중도 실험 전에 비해 첫째 해 11.5퍼센트, 그리고 둘째 해 10.4퍼센트의 감량이 있었다.[38] 따라서 정상체중인 경우도 칼로리 제한 효과가 있음을 알 수 있다.

그렇다면 칼로리 제한 효과는 단지 체지방 감소 때문에 얻어지는 이득일까? 실험 결과는 그렇지 않다. 유전적으로 비만 쥐(ob/ob유전자 쥐)와 정상 쥐를 함께 식이 제한했을 때 비만 쥐는 정상 쥐에 비해 체중이 48퍼센트나 더 많이 나가지만 수명 연장 효과는 비슷하게 나타난다.[39] 또한 식이 제한을 한 비만 쥐는 식이 제한을 하지 않는 정상 쥐보다 체중이 많이 나가지만 더 오래 산다. 따라서 칼로리 제한 효과가 단지 체중(더 정확히는 체지방률) 감소 때문에 나타난다고는 볼 수 없다. 사람의 비만이나 대사증후군에서 칼로리 제한으로 정상체중에 이르지 못하더라도 칼로리 제한의 긍정적인 효과가 크게 나타날

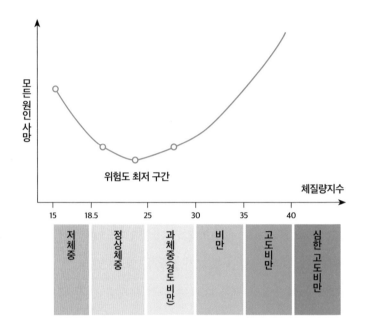

그림 8-2 **체질량지수와 모든 원인 사망 그래프**[40]

가능성을 시사해주는 동물 연구라 할 수 있다.

칼로리 제한이 해가 될 수 있는 경우

지금까지 세계적으로 다양한 역학 자료를 토대로 살펴본 체질량지수(미터 단위의 키를 킬로그램 단위의 몸무게 제곱으로 나눈 값)로 측정된 비만도와 사망률의 그래프를 보면 그림 8-2와 같이 전형적인 U 형태를 보인다. 즉 저체중과 비만의 양극단으로 갈수록 사망 위험이 높아지고, 사망 위험이 가장 낮은 지점은 체질량지수가 정상체중 범위(18.5~25kg/㎡) 상단이나 과체중이 시작되는 곳이다.[41]

한편 칼로리 제한을 하면 대부분의 개체에서 체중이 감소된다. 붉은털원숭이는 30퍼센트 식이 제한에서 대조군에 비해 25퍼센트 정도의 체중 감소를 보였다. 앞서 기술한 대로 사람을 대상으로 2년간 25퍼센트 식이 제한(실제로는 약 15퍼센트)을 한 임상 연구에서도 11.5퍼센트(1년 후)~10.4퍼센트(2년 후)의 체중 감소가 있었다. 따라서 식이 제한을 하여 체질량지수가 저체중이나 정상 범위 하단에 위치할 가능성이 있는 경우 식이 제한의 적용을 피하는 편이 좋다.

최근 사람을 대상으로 한 2년간의 임상 연구는 체질량지수 22~27.9kg/㎡의 성인을 대상으로 이루어졌다. 더구나 근감소가 있는 노인의 경우 식이 제한의 이해득실이 아직 밝혀지지 않았기 때문에 피하는 것이 좋다. 따라서 노인의 경우 일률적인 칼로리 제한보다 개인별 특성과 동반 질환, 건강상태에 맞추어 식단을 정하여 제공하는 것이 필요하다.

언제부터 시작할 것인가?

설치류의 연구를 보면 어릴 때부터 시작한 칼로리 제한이 수명 연장의 효과는 가장 좋았지만 모든 발육이 늦어 체형이 작고 체중이 덜 나간다. 성인기에 시작한 칼로리 제한은 이보다 효과는 적지만 발육과 성장에 미치는 부정적 영향이 덜하다. 따라서 칼로리 제한은 발육과 성장이 모두 끝난 신체 조건에서 시행하는 것이 바람직하다. 앞서 설명했듯 위스콘신대학교의 붉은털원숭이 연구의 경우 발육과 성장이 끝난 시기에 시작되었고 칼로리 제한의 유의한 결과가 도출된 반면, 어린 시절 칼로리 제한이 시작된 국립노화연구소의 일부 원숭이에게서는 조기 사망이 많아지는 부정적 영향이 관찰되었다. 이를 고려해 사람에 대한 2년간의 임상 연구도 21~50세의 청년과 중년기의 남성, 그리고 21~47세의 폐경 전 여성을 대상으로 이루어졌다.

고령자에게서 칼로리 제한의 효과는 건강상태를 고려하여 더 많은 연구를 통해 이해득실이 밝혀져야 한다. 그럼에도 백세노인의 임상적 특성들이 칼로리 제한에서 얻어지는 소견과 비슷함을 보이고 있어,[42] 오키나와 노인들을 비롯한 백세노인들의 식이 습관이 칼로리 제한과 비슷한 형태가 아닐까 생각된다. 이 경우 평생 칼로리 제한을 유지하는 것이 건강상 이득이 될 수 있음을 시사한다.

간헐적 단식

최근 연구들은 식이 제한을 칼로리의 총량뿐 아니라 기간도 포함할 때 효과가 더 좋아진다고 보고하고 있다. 즉 하루 중 6~8시간 구간에서 식사를 하고 나머지 시간을 금식하거나, 또는 일주일에 이틀, 혹은 사흘마다 하루씩 식사를 하지 않는 방법이다. 이를 간헐적 단식intermittent fasting 혹은 시간제한 식사time restricted feeding라고 부른다. 이러한 방법들은 칼로리 제한의 근본 기전인 저강도의 스트레스가 건강에 유익을 준다는 호르메시스 이론에 부합한다.

하지만 이 중 가장 추천되는 것은 일주기 생체리듬에 맞추어 칼로리 제한을 하는 것이다. 일주기 생체리듬이란 햇빛과 식사 시간에 따라 체내 모든 에너지대사를 포함한 생체 활동의 활성도가 주기적으로 반복하며 변화하는 현상을 말한다. 즉 낮에는 에너지대사가 활발히 일어나 신체 활동에 대비하고 밤에는 활동을 쉬며 낮 동안 쌓였던 유해 물질을 처리하고 세포를 보수하는 것이다. 따라서 신체 활동이 왕성한 시간에만 식사를 하고 대사율이 낮은 시간대에는 식사를 하지 않는 것이 체내 생체리듬에 맞추어 가장 좋은 효과를 낼 수 있다.

실제로 한 연구에서 당뇨 전 단계 환자들을 대상으로 오전 9시부터 오후 3시까지 식사를 하고 나머지 18시간은 금식하는 프로그램을 5주 실시한 결과 각종 인슐린 민감도와 췌장 세포 기능 개선과 함께 각종 대사 지표와 심혈관 위험 요소의 개선 효과를 보고했다.[43] 따라서 칼로리 제한과 함께 일정 시간 동안

에만 식사를 하는 시간제한 식사의 효과가 가장 좋을 것으로 판단된다.

비만 역설

일부 연구에서는 체질량지수가 과체중인 지점에서 전체 사망률이 가장 낮다는 보고를 하고 있다. 또한 국내의 한 연구에서는 체질량지수가 23 이하에서 사망률이 높아지지만 그 이상의 구간에서는 사망률의 유의한 차이가 없음을 보고했다. 이것이 일부 의학자들이 주장하는 '비만과 사망률의 역설'이다. 그 이유는 분명치 않다. 일부 비평가들은 이러한 결과가 도출된 이유가 연구 대상 중에 질병 또는 노쇠나 근감소 등으로 체중 감소가 있는 경우 이들의 사망률이 높기 때문에 나타난 통계의 오류라고 주장한다.

이와 같은 논란이 있지만 노인에게서 체지방은 70대 이후까지 증가하며 비만이 만성염증과 각종 만성질환, 그리고 노쇠의 위험 요인이 되는 것은 분명한 사실이므로, 노인도 적정한 체중을 유지하는 것이 중요하다. 저체중 위험이 있는 노인에게 칼로리 제한은 추천되지 않지만 비만인 노인에게는 칼로리가 적은 균형 잡힌 식사가 건강을 위해 필요한 이유다.[44]

주의점

지금까지 다양한 동물실험 결과 20~30퍼센트의 중등도 칼로리 제한은 평균수명과 최대 수명의 증가와 함께 암, 동맥경화, 심혈관질환, 당뇨병, 치매 등 노화 관련 질환의 발생 위험을 낮추는 것으로 밝혀지고 있다. 장기간에 걸친 영장류인 붉은털원숭이를 대상으로 한 대규모 연구들의 결과와 함께 사람을 대상으로 2년간의 임상시험을 거쳐 칼로리 제한이 사람을 포함한 영장류에서도 긍정적인 효과가 있음이 확인되었다. 또한 최근 들어 칼로리 제한 효과를 나타내는 세포 내 분자생물학적 신호전달 체계가 비교적 상세히 밝혀지면서 이 경로를 활성화하는 물질들에 대한 연구도 활발히 진행되고 있다.

건강 증진과 질병 예방을 위해 사람에게 칼로리 제한을 적용하려면 아직도 많은 연구와 데이터가 필요하다. 칼로리 제한 효과는 나이, 식단, 성별, 병력과 건강상태에 따라 다르게 나타날 수 있기 때문이다. 따라서 개인별 특성에 따라 차별화된 지침이 적용되어야 한다. 하지만 일반적인 원칙을 소개하면 다음과 같다. 칼로리 제한으로 많은 효과를 볼 수 있는 사람들은 비만하고 대사장애가 있는 경우다. 그리고 성장과 발육이 모두 끝난 성인 이후에 고려되어야 한다. 노화의 신호가 시작되는 30~40대부터는 칼로리 제한을 시작하는 것을 추천한다. 성장과 발육이 왕성히 일어나야 하는 시기에 칼로리 제한을 하는 것은 바람직하지 않다.

고칼로리 식사를 피하고 다양한 채소나 식물, 곡식 등 가공되지 않은 영양소의 균형 잡힌 식사를 하는 생활 습관으로 자연스럽게 칼로리 제한을 하는 편이 가장 바람직하다. 사람을 대상으로 2년간 식이를 제한한 연구를 보면 12퍼센트만 식사를 줄여도 소식의 효과는 충분히 나타났다. 고령자에서 칼로리 제한의 이해득실은 아직 밝혀지지 않고 있다. 특히 저체중이나 근감소증, 노쇠가 있는 노인에게는 금기다.

최근에는 일주기 리듬에 맞춰 식이를 섭취하는 칼로리 제한이 더욱 효과가 좋은 것으로 알려져 있다. 가장 쉬운 방법은 해가 떠 있을 때 이른 저녁을 먹고 어두워진 후에는 먹지 않는 것이다. 앞서 설명한 바와 같이 우리의 생체리듬은 빛과 식사에 의해 주기가 결정된다. 밤에 먹으면 대사가 활발하지 않기 때문에 음식물이 지방으로 바뀌어 쌓이게 된다.

3부

최대한 천천히 늙고
오래오래 건강하게
살고 싶다면

불변의 노화 방지책

9장 ●●

최고의 노화 방지책은
생활 습관 개선

어떻게 하면 우리 몸의 생체시계를 최대한 늦추고 건강수명을 늘릴 수 있을까? 지난 반세기 동안 생명의학 분야 과학자들은 세포 내에서 생명현상과 항상성 유지를 위해 일어나는 유전학적, 분자생물학적 활동에 대한 경로와 신호전달 체계를 비교적 상세히 알게 되었다. 뿐만 아니라 세포가 노화될 때 나타나는 근본적이고 특징적인 변화들에 대한 지식도 갖추게 되었다. 1장에서 기술한 바와 같이 일부 의학자들은 이러한 특징적 변화를 7~9개로 간추려 노화 현상을 설명하고 있다.

따라서 노화를 늦추고 건강수명을 늘리려는 모든 시도는 세포가 노화될 때 나타나는 유전학적, 분자생물학적 기능 저하와 변화에 직간접적으로 관여하여 노화 과정을 억제하는 것이어야 한다. 수많은 노화과학자들이 이러한 경로에 긍정적인 영향을 주는 약제나 천연물을 찾기 위해 연구를 거듭하고 있다. 향후 이러한 노력에 결실이 맺혀 좋은 소식이 들려오기를 기대한다.

하지만 간과해서는 안 될 매우 중요한 과학적 사실이 있다. 막연히 건강에 좋다고만 알고 있던 생활 습관의 개선이 세포 내의 다양한 경로를 통해 세포의 노화를 막는다는 것이다. 이 때문에 건강한 생활 습관을 갖고 있는 사람들이 암과 만성질환의 발생이 현저히 적고, 신체 기능을 유지하며 건강하고 오래 사는 것이다. 그 어떤 값비싼 영양제나 약제보다 좋은 효과를 줄 수도 있다. 이 장에서는 노화 방지와 질병 예방을 위해 필요한 생활 습관을 소개한다.

건강한 생체리듬 회복하기

우리 신체는 태양의 자전주기에 맞춰 24시간 생체주기 리듬을 갖고 있다. 즉 밤에 잘 때는 멜라토닌이 분비되어 혈압, 맥박,

체온이 가장 낮다. 신체가 모든 대사 활동을 늦추고 쉬는 것이다. 아침이 되면 부신에서 코르티솔이 분비되면서 혈압이 높아지고 세포 내 대사 활동이 증가하여 오전 중에 최고의 집중력을 보인다. 시간이 흘러 점심 식사 후 오후가 되면 신체 기능이 정점에 도달한다. 비유하자면 우리 모두는 해바라기와 같다. 태양이 주는 에너지로 살아가야 하는 우리는 해가 있을 때 활동하며 살도록 진화되었기 때문이다.[1]

　이러한 일주기 생체리듬은 우리 몸의 생체시계에 의해 만들어진다. 뇌 시상하부의 시교차상핵이 중추 시계가 되고, 이것이 말초 모든 기관에 분포되어 있는 생물학적 시계와 연동되어 세포에서 일어나는 모든 생명 및 대사 활동을 조절한다.[2] 다시 말해, 시교차상핵에 있는 시계 유전자는 밤과 낮을 구별하며 각종 호르몬의 분비와 자율신경을 조절하고 신체를 구성하는 수백조 개 세포들의 증식과 발육, 에너지대사 활동을 관장한다. 뿐만 아니라 정서와 인지기능도 환경 변화에 맞추어 밤과 낮의 주기를 보인다. 즉 낮에는 활동을 위해 모든 세포가 에너지대사를 가장 활발히 일어나게 하고, 밤에는 휴식을 취하며 낮 동안 손상된 조직을 수선하고 노폐물을 제거하며 최적의 건강상태를 유지하도록 한다.

　이는 흡사 오케스트라와도 같다. 시교차상핵이 지휘자 역할을 하여 모든 기관이 조화롭게 움직이며 최적의 상태를 유지할 수 있게 해주는 것이다. 그러다 생활 습관의 변화나 스트레스 등으로 생체시계와 신체의 조화가 깨졌을 때는 마치 오케스트라가 불협화음을 내듯 비만과 대사증후군 등 대사장애와 각종 질병의 원인이 된다. 또한 신체 노화에 의해 시교차상핵의 민감도가 떨어지면서 밤과 낮을 구분하는 생체리듬의 진폭이 줄어들면 노인에서 흔한 불면증의 원인이 된다.

일주기 생체리듬과 질병

신체의 생물학적 시계는 2종류가 있다. 첫째는 시상하부에 존재하는 중추 시계이고, 또 다른 하나는 신체 기관의 모든 조직(심장, 간, 근육 등) 세포에 존재하는 말초 시계다. 이들 생체시계에 시간을 알려주는 역할은 빛과 음식, 그리고 신체 활동이 한다. 이를 생체시간부여자_{zeitgeber}라고 부른다. 다시 말해 빛, 음식, 신체 활동이 우리 몸의 생체리듬을 만들고, 이 주기에 따라 모든 에너지대사를 조절한다. 이 중 빛은 가장 강력한 영향을 주며 주로 중추 시계에 작용한다. 그리고 음식과 신체 활동은 주로 말초 시계에 작용한다.

이러한 이유로, 야간 근무자나 밤과 낮을 바꾸어가며 일하는 교차 근무자들은 생체리듬이 깨지기가 쉽다. 밤늦도록 일하고 늦잠을 자는 소위 올빼미형이나 저녁형 인간, 혹은 불면증으로 잠을 설치는 날이 많은 사람도 마찬가지다. 이렇게 생체리듬의 부조화가 초래되면 비만, 대사증후군, 지질대사 장애, 심혈관질환, 암, 치매의 발생 위험이 높아질 뿐만 아니라 신체 노화가 촉진된다.[3] 실제로 한 보고에 의하면 밤낮 교대 근무자의 경우 대사증후군의 위험이 46퍼센트 증가했고 근무 시간이 오래될수록 위험이 증가했다.[4] 일부 의학자는 현대인에게 비만이 급속히 증가하는 이유가 바로 밤과 낮이 바뀐 요즈음 젊은 세대들의 생활 패턴 때문이라고 주장하기도 한다.

생체리듬의 변화가 질병 발생 위험을 높이는 이유를 간략히 설명하면 다음과 같다. 우리 몸은 활동이 많은 낮 시간에 영양소를 태워 에너지를 활발히 만들고, 밤이 되면 수면을 유도하며 모든 대사 활동을 줄인다. 그런데 밤과 낮의 생활이 바뀌면 낮의 활동량이 줄어들어 섭취한 음식의 영양소들이 에너지로 태워지지 않고 그대로 체내에 축적되어 비만이나 대사장애로 이어진다. 또한 밤에는 에너지 생성이 잘 되지 않아 피로감을 쉽게 느낀다. 이와 더불어 세포의 분열과 발육, 성장에 부정적 영향을 주어 각종 질병의 발생 위험이 높아진다. 뿐만 아니라 생체리듬이 깨지면 만성피로, 명료하지 않은 정신, 기억력과 활력 저하, 우울감 등이 쉽게 찾아온다.

생체리듬을 회복하는 방법

우리 신체의 일주기 리듬의 기전과 역동을 생각해볼 때 생체리듬 회복을 위해, 다시 말해 생체시계 리셋을 위해 우리가 해야 할 일은 자명하다. 우선 밤과 낮에 대한 신호를 우리 신체에 분명히 각인시켜주는 것이다. 그러자면 낮에는 밝은 빛 아래 활동을 최대한 늘리고, 밤에는 빛이 없는 깜깜한 상태에서 수면을 취하는 것이 좋다. 또한 말초 시계에 강한 신호를 보내는 고지방 식사는 해가 진 이후 시간에는 피해야 한다. 이러한 생활 습관은 생체시계를 민감하게 만들고 생체리듬의 진폭을 크게 한다. 결과적으로 세포는 활력을 되찾고 에너지대사의 효율이 높아진다. 실제로 낮 시간에 시계 유전자는 칼로리 제한에서 활성화되는 중요한 경로인 서투인, AMPK, 세포의 분화와 증식, 생체이물질* 대사 등에 관여하는 유전자를 활성화시킨다.[5] 궁극적으로 지방세포의 분화, 지방의 저장 및 대사, 당 대사와 인슐린 저항, 그리고 체온 유지 등의 대사 활동이 건강해진다.

그런데 나이가 들면서 밤과 낮에 따른 생체리듬의 일주기 진동 폭이 좁아지므로 특히 65세 이상 노인의 절반가량이 수면 문제로 고통을 호소한다.[6] 질 높은 수면을 취하지 못하는 것이다. 낮 시간에는 늘 피곤하고 힘이 들며 활력 저하에 시달리지만, 막상 밤이 되면 불면증으로 고생한다. 이러한 상황에서 일주기 생활 리듬을 건강하게 되돌릴 수 있는 방법은 무엇일

* 생체에서 발견되지만 자체 생산하지 않는 외부에서 유입된 화학물질.

까? 수면장애와 더불어 생체리듬 회복에 가장 확실하고 유일한 방법은 생활 습관 개선이다. 생활 습관 개선은 분명한 목표를 갖고 식습관, 운동, 수면 등의 모든 분야에서 다면적이고 집중적으로 이루어져야 하며 무엇보다 꾸준한 노력이 필요하다는 것을 분명히 인식하는 것이 중요하다.

멜라토닌 복용과 광선치료

50세 이상 성인이 수면의 질이 좋지 않아 깊은 잠을 자지 못하는 경우는 취침 30분 전에 소량의 멜라토닌(2밀리그램 이하)을 복용하면 도움이 된다. 또한 수면장애가 심해 취침-각성의 주기가 일반적인 생활 습관 개선으로 회복이 어려운 경우는 광선치료나 멜라토닌 보충제를 사용하여 수면주기를 조정해볼 수 있다. 하지만 이러한 치료법은 자신의 일주기 리듬을 아는 것이 필요하고, 치료가 이와 맞지 않을 때는 오히려 증상을 악화시킬 수 있으므로 전문가의 도움을 받는 편이 좋다. 구체적인 내용은 이 책의 범위를 넘어서므로 개괄적인 내용만 소개한다.

취침-각성 주기에서 멜라토닌은 잠들기 2~3시간 전부터 분비가 증가한다.[7] 이때부터 밤의 사이클이 시작되는 것이다. 따라서 자신의 일주기 리듬을 정확히 알려면 이 시점이 언제인지 알아야 한다. 이는 멜라토닌의 혈중농도가 2pg/㎖(타액

일 경우 4pg/㎖)에 도달되는 때다. 이 시점을 감광減光 멜라토닌 개시점dim light melatonin onset, DLMO이라고 부른다. 이는 빛의 역할을 최소화하기 위해 흐릿한 불빛 아래 측정되므로 붙여진 이름이며, 저녁 무렵부터 매시간 멜라토닌의 농도를 측정하여 얻어진다. 이제 수면 시간을 앞당기려면 이 시점보다 2~4시간 전에 멜라토닌을 0.5~2밀리그램 복용한다. 하지만 이러한 방법은 매우 번거롭고 불편하므로, 정확도는 떨어지지만 보다 간편한 방법으로 수면 중간 시간을 찾아 이보다 9~11시간 전이나 오후 시간에 멜라토닌을 복용할 수도 있다.[8]

멜라토닌 외에 수면주기를 당길 수 있는 방법은 광선치료다. 충분한 수면 후 잠에서 깬 시점에서 1만 럭스 정도 밝기의 광선을 10~30분 쪼인다. 이 경우 광선과 거리는 40~60센티미터로 유지하고 눈은 뜬 채로 독서를 하거나 차를 마시는 것도 무방하다. 멜라토닌과 광선치료의 심각한 부작용은 보고되지 않았으나 적용이 쉽지 않아 전문가의 도움을 받는 것이 좋다.

시간제한 식이와 식물성식품 섭취

일주기 생체리듬을 건강하게 회복시키려면 식습관도 매우 중요하다. 소식과 더불어 낮 시간 6~8시간만 식사를 하는 시간제한 식이는 에너지대사의 일주기 진동 폭을 넓게 만들어 생체리듬과 수면의 질을 좋게 한다. 실제로 시간제한 식이는 동물실험과 일부 사람을 대상으로 한 연구에서 비만이나 대사 증후군에 좋은 효과는 물론 혈압, 혈당, 고지혈증, 인슐린 민감도 개선에 효과를 입증했다.[9]

한편 멜라토닌은 다양한 식물성 음식물에 함유되어 있다. 특히 씨앗류에 많다. 멜라토닌이 다양한 환경적 스트레스에서 식물의 생존과 보호에 중요한 역할을 담당하고 있기 때문이다. 따라서 다양한 종류의 식물성식품과 올리브오일 등의 필수지방산을 충분히 섭취하는 것이 좋다. 다만 식품만으로는 그 양이 충분치 않다. 예를 들어 멜라토닌 식품으로 알려진 체리는 단위 그램당 멜라토닌이 13.46±1.1나노그램 함유되어 있어 통상 생리적 용량인 0.3밀리그램을 섭취하려면 약 22킬로그램을 먹어야 하기 때문이다.[10]

규칙적인 운동

규칙적인 운동은 신체 기능과 전반적인 건강감, 그리고 삶의 질을 높여준다. 또한 각종 노화 관련 질환의 발생 위험을 현저히 낮춰준다. 따라서 신체 기능이 저하되는 노년기에 운동은 선택이 아닌 필수다. 하지만 2020년 국민건강영양조사 자료에 의하면 우리나라 성인의 적절한 운동 실천 비율은 45.6퍼센트이고 65세 이상 노인의 경우 33.2퍼센트이며 특히 청소년은 5.9퍼센트에 불과한 실정이다.[11] 게다가 시간이 지날수록 적절한 운동을 실천하는 사람들의 비율이 떨어지고 있는 데다, 코로나19 팬데믹 이후 사회 활동이 줄어들고 집에 머무는 시간이 길어지면서 많은 사람들이 운동 부족과 체중 증가를 호소하고 있다. 운동의 필요성에 대한 재인식이 필요한 시점이라 할 수 있다.

운동과 면역력

꾸준한 운동은 신체 면역을 높여주는 가장 손쉽고 효과적인 방법이다. 면역력을 높이려면 중간 정도의 강도로 운동을 하는 것이 좋다. 과격한 운동은 오히려 면역기능을 저하하고 체내 활성산소와 염증 반응이 증가하여 건강을 해친다. 운동이 면역계에 미치는 영향에 대한 연구는 비교적 최근에 많이 이루어졌는데, 지금까지의 연구 결과를 종합해보면 하루에 1시간씩 빠른 걸음 정도의 운동은 면역 기관을 자극하여 각종 면역세포를 활성화하고 항체 생성을 촉진하여 병원균에 대한 방어력을 높여준다. 특히 NK세포와 대식세포, 세포독성 T림프구 등 신체를 최전방에서 지켜주는 역할을 하는 면역세포의 수와 기능을 높여준다. 뿐만 아니라 항염증 사이토카인을 증가시켜 체내 염증을 억제하고 신진대사에 긍정적인 영향을 주어 심폐기능을 강화한다.[12] 실제 연구 결과들을 보면 중등도 강도의 운동을 꾸준히 하는 사람은 상기도감염의 발생 빈도가 줄어들고 증상도 경미한 것으로 나타났다.

운동 시간은 하루에 1시간 이내로 하는 것이 좋다. 그리고 일주일에 적어도 5일 이상 꾸준히 실천한다. 운동의 면역 강화, 항산화, 항염 효과는 꾸준한 매일의 운동이 쌓여 이루어지기 때문이다. 운동 전후에 충분한 영양 보충도 중요하다. 장시간 운동이나 고강도 운동을 할 때 저혈당이 되지 않도록 약간의 당분이 함유된 음료나 바나나 등을 섭취하는 것이 급격한 운동으로 인한 스트레스호르몬의 분비나 면역기능 저하를 막을 수 있다.

운동 강도

의학적으로 중등도 강도 운동은 산소 소모량이 3~5.9 MET metabolic equivalent인 운동으로 정의된다. 고강도 운동은 6MET 이상인 운동을 말한다. 1MET는 성인이 쉬고 있을 때 섭취하는 산소 소모량, 즉 3.5㎖/kg/min이다. 따라서 중등도 강도 운동은 쉬고 있을 때보다 3~6배의 산소가 필요한 운동을 뜻한다. 그러나 이것을 실생활에서 측정할 수 없기 때문에 대개 심박수로 계산한다.

중등도 강도의 운동이란 예비 심박수의 40~50퍼센트에 해당하는 심박수가 더해지는 강도의 운동을 말한다. 예비 심박수는 한 사람이 최대로 높일 수 있는 심박수(최대 심박수)에서 안정 심박수를 뺀 값이다. 최대 심박수는 220에서 나이를 뺀 값으로 계산한다. 중등도 강도 운동의 목표 맥박수는 다음과 같이 표시할 수 있다.

목표 맥박수 = 예비 심박수 × 0.5 + 안정 심박수
= (최대 심박수 − 안정 심박수) × 0.5 + 안정 심박수
= {(220 − 나이) − 안정 심박수} × 0.5 + 안정 심박수

예를 들어 안정 시에 맥박수가 70회인 50세 성인의 경우 중등도 강도의 목표 맥박수는 다음과 같이 계산된다.

목표 맥박수 = {(220 − 50) − 70} × 0.5 + 70 = 120회/분

운동이 가장 좋은 효과는 5~7MET 부근에서 나타난다. 즉 중등도 후반과 고강도 초반 사이의 운동 강도다. 고강도 운동은 오히려 면역력을 저하시켜 건강의 이득이 경감된다(그림 9-1).

수시로 맥박수를 측정하며 운동 강도를 조절하면 가장 좋겠지만, 이러한 방법은 실생활에서 적용하기 어렵다. 따라서

그림 9-1 운동 강도와 건강의 이득[13]

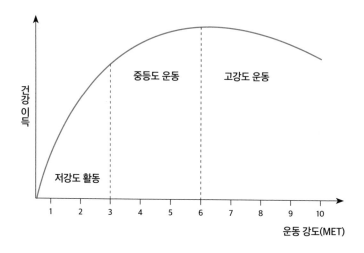

평소 중등도 운동의 강도를 몸으로 이해하고 경험하는 것이 중요하다. 대체로 중등도 강도의 운동은 조금 숨이 찰 정도의 빠른 걸음에서 느끼는 강도이고, 이때 옆 사람과 말은 할 수 있지만 노래를 부르지 못할 정도로 숨이 차는 정도의 운동이다. 운동의 종류별 강도는 표 9-1과 같다.

신체 활동 지침 권고안

처음에 운동을 시작하기란 힘들고 어렵지만, 몇 주가 지나면 곧 익숙해지며 운동의 이득을 몸으로 느끼게 된다. 모든 활동이 건강에 도움이 되지만, 보건 당국과 관련 단체에서는 운

표 9-1 **강도별 신체 활동**

중등도 신체 활동	격렬한 신체 활동
빨리 걷기, 복식 테니스, 손으로 하는 바닥 물걸레질, 경쟁하지 않는 사교성 배드민턴, 천천히 하는 수영, 천천히 자전거 타기 등	조깅, 달리기, 축구, 태권도, 스쿼시, 농구, 에어로빅, 빠른 속도로 자전거 타기, 삽으로 도랑 파기, 계단으로 무거운 가구 옮기기 등
말은 가능하지만 노래 부르지는 못할 정도로 호흡이 가쁘다.	문장 하나를 이어서 말하기 어려울 정도로, 평소보다 숨이 훨씬 더 찬다.

동의 이득이 충분히 담보되는 신체 활동 지침을 다음과 같이 제시하고 있다.

유산소운동

중등도 유산소운동을 일주일에 150~300분 이상 할 것을 추천한다. 고강도 운동을 할 때는 75~150분 이상이다. 즉 고강도 운동 1분은 중등도 운동 2분에 해당한다.

근력운동

주 2일 이상, 신체 각 부위를 포함해 8~12회 반복을 1세트로 하여 2~3세트 반복한다. 예를 들어 윗몸일으키기, 팔굽혀펴기, 계단 오르기 등의 체중 부하 운동이나 덤벨, 탄력밴드를 사용하는 기구운동을 8~12회 하고 잠시 쉬었다가 다시 2~3세

트 반복한다. 근력운동은 적어도 하루를 쉬어야 손상된 근육 세포가 회복된다.

　65세 이상의 노년기도 신체 활동 지침은 비슷하지만 걷기 등의 중등도 유산소운동을 권한다. 그리고 주요 부위 근육의 근력운동을 일주일에 2일 이상 실천하며, 낙상 위험이 높은 노인은 전문가의 도움을 받아 개인별로 혹은 단체로 근력, 균형 감각, 유연성과 지구력 등 네 가지 항목을 향상시킬 수 있는 지도를 받는 것이 좋다.

걷기―가장 쉬운 유산소운동

　걷기는 특별한 준비나 장비가 없이도 누구나 할 수 있는 유산소운동법이다. 운동이 되려면 뛰어야만 한다고 생각할 수 있지만 사실은 빠른 속도로 걷기만 해도 조깅에 못지않은 운동 효과를 얻을 수 있다.[14, 15] 실제로 하루에 1~2시간씩 걷는 생활 습관은 기대수명의 증가와 함께 뇌졸중, 암, 당뇨병, 심혈관 질환 등의 발생을 낮추고, 체지방 감소, 근육 강화 효과가 있으며, 긴장 완화와 스트레스 감소, 정서적 안정에 긍정적으로 영향을 준다.[16]

　특히 청명한 하늘과 자연, 그리고 계절의 변화를 만끽하며 걷는 생활 습관은 정서적 안정은 물론 건강과 삶의 활력을 높일 수 있는 건강 증진법이다. 실제로 세계적인 장수 마을로 알려진 곳들은 대개 산지에 있어 주민들이 평상시 많은 양의 걷기를 하며 생활한다.

운동이 되는 걷기의 두 가지 중요한 요소는 걷는 속도와 시간이다. 걷기가 운동이 되려면 다소 숨이 찰 정도의 속보로 걷는 것이 좋다. 걷는 시간은 최소 30분 이상 1~2시간 정도를, 적어도 일주일에 5일 이상(가능하면 매일) 걷는 것이 좋다. 자세를 바르게 하고 온몸의 근육을 사용하여 걷는 것도 신체의 유연성과 운동 효과를 높일 수 있는 방법이 된다.

걷기 운동 효과의 기전

걷기는 별것 아닌 운동으로 보이지만 신체 근육의 80퍼센트가 사용되며, 특히 골반과 하지 근육을 단련시켜 혈액 순환을 좋게 한다. 심장에서 하지로 내려간 혈액은 걸을 때 하지 근육이 정맥을 쥐어짜주는 수축력을 통하여 중력을 거스르며 심장으로 되돌아갈 수 있기 때문이다. 정맥에 혈류가 정체되면 혈전이 생기고 이것이 뇌졸중의 원인이 된다. 걷기 운동이 뇌졸중 예방[17]에 효과가 좋은 것이 이러한 이유 때문이다. 또한 걷기 운동은 100개가 넘는 팔다리 근육들이 서로 조화를 이루어가며 균형을 맞추어야 하기 때문에 이를 관장하는 고도의 뇌 운동이라고도 할 수 있다. 이 때문에 걷기 습관은 인지기능과 기억력 향상, 그리고 정서 안정에도 도움을 준다.

또한 걷기는 혈관 내피 기능을 좋게 하여 동맥의 탄력성을 증가시키기 때문에 혈압 강화 효과가 있다. 그리고 인슐린 감수성을 높여주어 근육세포로 당분의 이동과 대사를 촉진시켜 혈당이 낮아지고, 지질대사의 개선 효과도 있다. 뿐만 아니라 각종 암의 발생 위험도 감소시킨다.[18, 19]

걷기 운동 시 주의할 점

환자들과 노인들의 경우 이런저런 이유로 걷기를 불편하게 생각할 수 있다. 하지만 걸을 수만 있다면 자신의 건강상태에 맞는 강도의 걷기가 질병의 예후를 좋게 하고 재발을 낮춰줄 수 있다. 처음으로 걷기 운동을 할 경우에는 약 5~10분 정도로 가벼운 걸음부터 시작하여 점차 걷기의 시간과 강도를 높여나간다. 걷기를 하는 도중 가슴, 목, 어깨에 통증이 있거나 어지럼증, 두통, 메스꺼움, 식은땀이 나면 걷기 운동을 즉시 중단하고 의사의 진찰을 받아보는 것이 좋다.

당뇨병이나 관절염이 있는 사람은 발에 알맞고 발을 적절히 지지해줄 수 있는 신발을 잘 골라 신는 것이 특히 중요하다. 인슐린 등의 혈당강하제를 사용 중인 당뇨병 환자는 공복 시에 운동을 하면 저혈당의 위험이 있으므로 식후 1~2시간 후에 걷기를 시작하는 것이 좋다. 협심증과 관상동맥질환의 병력이 있는 환자는 추운 날 아침에 야외에서 걷기 운동을 하는 것을 피해야 한다. 그리고 노인이나 신장 질환을 앓고 있는 사람은 더운 날 걷기 운동 시 탈수가 되지 않도록 수분 섭취를 충분히 해야 한다. 또한 파킨슨병, 치매 등과 같은 퇴행성신경질환 병력이 있는 사람은 야외에서 걷기 운동을 할 때 안전에 유의하고 특히 교통사고에 각별히 조심해야 하며 되도록 혼자 걷지 말고 보호자와 함께한다.

걷기는 누구나 할 수 있으며 쉽고 간단하면서도 질병 예방과 건강 증진 효과는 매우 높은, 좋은 운동법이다. 하지만 과유불급이라는 말이 있듯이 아무리 좋은 효과가 있는 운동도 자신의 역량에 맞지 않으면 득보다는 해가 될 수 있다. 따라서 자신의 평소 건강상태와 질병력 등에 맞추어 걷기의 속도와 시간의 목표량을 정하고, 처음에는 서서히 비교적 단시간부터 시작하여 점차 운동량을 늘려나가는 것이 좋다.

스트레스 관리

스트레스는 개인에게 부담을 주는 정신적, 육체적 자극과 그에 대한 반응을 의미한다. 스트레스라는 말은 '팽팽하게 죄다'라는 뜻의 라틴어 stringer에서 유래한 것으로 알려져 있다. 적당한 스트레스는 사람을 긴장시키고 집중력을 높여 신체와 정신에 활력을 주지만, 심한 스트레스나 만성적인 스트레스는 신체적, 정신적 자원을 고갈시켜 질병을 초래하기도 한다.

우리 몸은 스트레스를 위협적인 외부 환경이라고 인식하며 이에 대처하기 위해 자율신경을 활성화하며 빠르게 대응한다. 마치 외부에서 병균이 침입했을 때와 비슷하게 온몸의 신체 기능을 긴장시키며 반응하는 것이다. 이러한 과정은 모두 무의식적으로 일어난다. 20세기 초 생리학자인 월터 캐넌Walter Cannon은 신체적, 정신적 스트레스가 많은 양의 아드레날린을 분비하는 것을 발견했고 이것을 전투 반응이라고 명명했다. 아드레날린은 교감신경을 흥분시켜, 흡사 실제 전쟁을 앞둔 군인에게 나타나는 것과 같은 신체적, 정신적 변화를 야기한다. 즉 에너지가 단시간에 많이 방출되어 힘이 솟구치고, 긴장하여 집중력이 높아지는 것이다. 하지만 이러한 반응이 만성적으로 지속되면 우리 몸과 마음은 지치고 기력을 상실한다.

실제로 이후 많은 연구에서 스트레스는 신체의 자율신경계와 호르몬 분비를 총괄하는 시상하부-뇌하수체-부신 축을 교란함으로써 건강과 면역력을 저하시키는 것으로 밝혀졌다. 사람이 스트레스를 받으면 감정적으로 안정감을 잃게 되고 이때 신경내분비계에서 물질들이 분비되어 맥박과 호흡수가 빨라지고, 근육이 긴장되고, 대사가 빨라지고, 면역력이 저하되는 등 신체 건강에 나쁜 영향을 주는 변화를 일으킨다. 특히 스트레스가 만성적으로 지속될 때 감염에 쉽게 걸리고 신체 내 항염증 반응이 지속되면서 동맥경화, 암과 같은 심각한 질병을 초래한다. 다시 말해, 신체 각 기관의 노화가 빨라지는 것이다.

스트레스와 질병

사랑하는 사람을 떠나보내는 것과 같은 감당하기 어려운 상실감과 고통을 두고 흔히 "애간장이 끊어진다"라고 말한다. 창자가 끊어지는 것 같은 슬픔과 아픔이라는 뜻이다. 서양에서는 이러한 상심을 심장에 비유해 "심장이 부서진다broken heart"라고 말한다. 그런데 이는 단지 문학적 비유만은 아니다. 사별과 같은 충격적 사건에서 오는 급성스트레스는 실제로 심장근육의 수축력을 약화시켜 기능을 떨어뜨리고 구조를 변형시키며 심한 가슴통증이나 호흡곤란 등 심근경색과 비슷한 증상을 나타내기도 한다. 이를 아픈 마음 증후군broken heart syndrome 혹은 타코츠보 심근증Takotsubo cardiomyopathy이라고 한다.[20]

뿐만 아니라 많은 직장인들이 번아웃증후군으로 고통받고 있다. 번아웃 burn out은 '타서 죄다 없어졌다'라는 말로 과도한 업무나 스트레스로 탈진되었다는 의미다. 1974년 독일의 심리학자 허버트 프로이덴버거Herbert Freudenberger는 오랜 기간 해결되지 않은 업무 관련 스트레스에 의해 직장인들에게 나타나는 여러 가지 증상들을 지칭하며 이 말을 처음으로 사용했다.

국제보건기구who는 최근 번아웃증후군을 작업장에서 만성적인 스트레스가 적절히 해결되지 않을 때 초래되는 중요한 건강상의 문제로 규정하고 제11차 국제질병분류 개정판에 이를 명시했다.

지금까지 연구 결과들에 의하면 번아웃증후군은 업무 능력을 떨어뜨리는 것은 물론이고 관상동맥질환과 우울증의 발생 위험을 높이며, 기억력과 집중력 저하 등 인지능력에도 부정적인 영향을 준다. 이에 번아웃증후군은 그 자체가 질병으로 분류되지는 않지만 개인 건강이나 의료 기관 방문 횟수 등에 영향을 미치는 중요한 건강 위험 인자로 인정되고 있다.

뇌 영상 연구 자료에 의하면 번아웃증후군 환자들은 해마의 크기가 일반인보다 크다. 해마는 두려움과 공포를 느끼는 곳으로 이러한 변화는 어린 시절 외상으로 충격을 받았던 경우와 비슷하다. 이 때문에 번아웃이 된 직장인들은 작은 일에도 두려움을 느끼며 감정 조절이 되지 않아 일 처리에 어려움을 느낄 수 있다. 또한 약 9000명의 직장인을 조사한 자료에 의하면 번아웃증후군은 관상동맥질환의 중요한 위험 인자임이 밝혀졌다. 뿐만 아니라 고지혈증과 제2형당뇨병, 전신 통증, 두통, 만성피로, 소화장애, 호흡기계 문제들, 그리고 45세 이전의 조기 사망과도 연관성이 있다.[21, 22]

심신의학과 이완 요법

지금까지 수많은 임상 및 기초 연구 결과를 요약하면, 명상, 요가, 유도심상법과 같은 심신의학은 인지기능과 정서 안정, 면역 건강, 혈관 건강, 만성통증 감소 등 건강 증진과 삶의 질 개선을 이끌어낸다. 심신의학의 효과는 자율신경 중에서 이완과 관계가 있는 부교감신경을 항진시킴으로써 스트레스에서 과도하게 활성화된 교감신경을 조절하고 카테콜라민과 부신피질호르몬과 같은 스트레스 유발 호르몬의 분비를 억제하는 것이다.

또한 마음챙김을 비롯한 명상 요법은 신경생물학적 기전을 통해 인지기능과 정서 및 행동 조절에 직접 영향을 미친다. 이완 요법의 종류에는 명상, 요가, 유도심상법, 심호흡법, 점진적 이완법, 최면요법, 기공, 태극권, 음악치료, 댄스, 웃음치료, 사랑 등이 포함된다. 이완 요법이 도움이 되는 질병들은 긴장성두통, 불안, 불면증, 고혈압, 월경전증후군, 허혈심장질환, 노인에게서의 인지기능 저하, 만성통증 등이고, 금연에도 도움이 된다.

하지만 이러한 방법들을 반드시 배우고 체득해야 하는 것은 아니다. 그림 그리기, 악기 연주, 화초 가꾸기 등의 취미 생활을 하면서도 이완 요법의 긍정적인 효과를 얻을 수 있다. 가장 핵심적인 내용은 마음을 흐트러뜨리지 않고 한곳에 집중하는 것이다. 즉 근심 걱정, 계획 세우기, 이성적 사고 등 스트레스가 유발되는 생각들을 멀리하고 마음이 비워지도록 유지하는 것이다. 이러한 이완 효과는 심지어 유산소운동을 하는 중에도 얻을 수 있다. 한 연구에 의하면 운동을 하면서 한 단어나 구절에 집중토록 했을 때 산소 소모량과 대사율이 감소하여 대사의 효율성이 좋아지는 것으로 나타났다.

쉽게 할 수 있는 이완 요법으로 호흡 훈련이 있는데 이 방법을 간단히 설명하면 다음과 같다. 편히 앉거나 누운 자세에서 한 손은 배 위에, 다른 손은 가슴 위에 얹은 후 천천히 방 안에 있는 공기를 모두 들이마시는 것처럼 숨을 깊이 들이마신다. 이때 배에 얹은 손이 가슴의 손보다 더 위로 올라오도록 복식호흡을 해야 한다. 숨을 들이마신 상태에서 7까지 센 후 다시 천천히 숨을 내뱉는다. 이때 숨을 들이켤 때보다 2배 정도 천천히 숨을 내쉬어야 한다. 이러한 동작을 다섯 번 반복하며 하루에 3회 실시한다.

느리게 나이 들기 위한
식단 관리법

약 2500년 전, 의학의 아버지라 불리는 히포크라테스는 질병 치료에 있어서 음식의 중요성을 다음과 같이 말했다. "음식이 당신의 약이 되게 하고, 약은 당신의 음식이 되게 하라." 우리 속담에도 "음식이 보약"이라는 말이 있듯이 우리 선조들은 이미 오래전부터 식사가 질병 치료와 건강 회복을 위한 처방 가운데 가장 중요하다는 사실을 알고 있었다. 고대 중국 의학 서적에서는 가장 높은 서열의 의사가 식이요법 의사이고, 그다음으로 내과 의사, 외과 의사, 그리고 수의사 순이라고 기술되어 있다. 이들은 모든 질병은 몸과 마음에서 오고 좋은 음식과 음료로 자양분을 공급하면 대부분의 질병은 치유된다고 믿었다. 최근 들어 분자생물학의 발달로 노화와 질병에 대한 지식이 깊어지면서 옛 선각자들의 지혜가 과학적 사실로 속속 밝혀지고 있다. 이처럼 우리가 평상시 먹는 식사는 우리의 건강과 삶의 질을 좌우한다 해도 과언이 아니다.

2005년, 〈내셔널 지오그래픽〉 저널리스트 댄 뷰트너Dan Buettner는 건강과 장수에 있어 먹거리의 중요성을 다시금 세상에 알렸다. 그는 세계를 돌아다니다가 알게 된, 건강한 장수인들이 특별히 많은 다섯 마을의 이야기를 〈내셔널 지오그래픽〉에 실어 이곳 사람들의 생활 습관과 식단을 자세히 소개했다. 이들 지역은 이탈리아 지중해 섬 사르디니아 지방의 올리아스트라, 일본의 오키나와, 그리스의 잇카리아, 코스타리카의 태평양 연안 니코야 반도, 그리고 캘리포니아 로마린다 지역이다. 댄 뷰트너가 세계지도에 이들 지역을 5개의 푸른색 원으로 표시했기에 블루존Blue Zone, BZ이라고 부른다.

블루존 주민들은 다른 지역에 비해 평균수명이 길고 암, 심혈관질환, 당뇨병 등 만성질환의 발생이 현저히 낮다. 즉 건강하게 오래 사는 것이다. 이들은 혈통과 문화적 특성이 서로 다르지만 주변 자연환경이나 식생활 습관에서 공통적인 특징을 갖고 있다. 산지 등의 자연환경으로 신체 활동량이 많고, 주민들 사이에 유대감이 높으며 스트레스가 적다. 하지만 무엇보다 장수 마을의 비밀은 식단에 있다. 이들의 식단은 주로 전곡류, 콩류, 고구마, 채소, 과일, 해산물, 올리브유 등으로 이루어진다. 반면 육류나 유제품은 적게 먹고 섭취 칼로리가 낮다. 이 장에서는 이들 식단의 공통된 특징과 함께 실천 방안에 대해 알아본다.

소식(칼로리 제한) 식단

성공적인 노화를 위한 식단 관리 중 가장 중요한 것은 평소 배불리 먹지 않는 습관을 갖는 것이다. 유럽의 평균수명이 30세가 채 안 되던 시절, 1464년에 태어나 102세까지 산 베네치아의 귀족 루이지 코르나로Luigi Cornaro[1]는 83세 이후에 집필한 자신의 책《절제된 삶에 대한 담론Discorsi della vita sorbria》에서 건강하게 오래 사는 확실한 방법은 소식으로 정량화된 식이 제한을 하고 절제된 삶을 사는 것이라고 강조했다. 그는 40세까지 과도한 식사와 음주, 그리고 무절제한 삶으로 건강을 해친 후에 의사의 조언에 따라 정량화된 칼로리 제한 식단을 고수하여 성공적으로 건강을 회복했다고 한다. 그러고는 노년까지 활발한 삶을 살면서, 83세부터 95세 사이에 자신의 건강 비밀을 적은 짧은 책 네 권을 집필했다.[2] 1694년 출생하여 83세까지 다른 왕들에 비해 거의 2배 가까이 수를 누렸던 영조의 장수 비결도 소식과 잡곡 위주의 거친 음식(즉 식물성 영양소가 풍부한 음식)이었음은 잘 알려진 사실이다.

100세 이상 장수하는 백세인의 경우 대식大食을 하거나 비만인 사람을 찾아보기 힘들다. 우리는 8장에서 칼로리 제한의 노화 방지와 질병 예방 효과에 대해 과학적 실험 연구 결과와 함께 분자생물학적 기전도 상세히 살펴보았다. 특히 청장년층을 대상으로 2년간 진행된 임상 연구에서 평소 자신의 식사량보다 15퍼센트 정도의 칼로리만 줄여도 체중 감소는 물론 정서와 인지 기능, 그리고 대사 지표와 심혈관계 위험 인자들이 건강한 방향으로 바뀌는 것을 확인할 수 있다.[3] 절제된 소식이 건강을 위해 무엇보다 중요한 이유다.

소식을 실천하는 방법

소식을 어떻게 실천할 것인가? 답은 의외로 간단하다. 하루 세 끼 식사 중 두 끼분을 세 번에 나누어 먹는다. 공복감을 줄이기 위해 끼니를 거르지 말고 조금씩 나누어 먹는 것이다. 평소 두 끼의 식사를 한다면 평상시 양에서 20퍼센트 정도를 먹지 않고 남긴다. 이때 가능한 천천히 조금씩 식사를 하는 것이 좋다. 나는 이것을 '공주 다이어트'라고 부르곤 한다. 이러한 식습관은 위장관에서 보내는 포만감의 신호가 뇌의 식욕조절중추로 전달되는 시간을 충분히 갖게 해준다. 이에 따라 공복감은 줄어들고 포만감을 쉽게 느낄 수 있다. 그러기 위해서는 혼자 식사하는 '혼밥'은 되도록 줄이고, 친구나 동료와 함께 대화하면서 천천히 식사하는 습관이 좋다. 또한 섬유질이 많고 식물성 영양소가 풍부하고 양은 많지만 칼로리는 적게 나가는 전곡류와 채소 위주로 식단을 구성한다. 이것이 바로 장수 마을의 식단이다.

그런데 대부분 사람들은 이러한 방법과 함께 소식의 이득도 충분히 알고 있으면서도 실천하기가 쉽지 않다. 그것은 시상하부에 있는 식욕조절중추가 공복감으로 우리를 강하게 압박하고 있기 때문이다. 과거 식생활 습관으로 자리매김된 임계점을 벗어날 때마다 배고픔이 주는 고통을 참기가 어렵다. 이때 달거나 기름진 고칼로리 음식을 먹으면 뇌의 시상하부에서 분비되는 도파민이 우리를 행복하게 해준다.[4] 많은 이들이 건강을 위해 소식을 결심했다가 중도에 포기하는 이유다. 어떻게 할 것인가? 이러한 본능적인 힘에서 벗어나려면 무엇을 해야 할까?

이때 활용할 수 있는 절제의 미덕 또한 장수 마을의 장수인들에게서 배워야 한다. 편안한 마음으로 자연과 함께하며 사람들과 잘 어울려 지내는 생활 습관이 도파민이 주는 보상 회로에서 우리를 벗어나게 해준다. 실제로 지중해 식단은 식이에 담긴 영양소뿐 아니라 사회생활과 운동 문화까지 포괄한다. 규칙적인 신체 활동과 충분한 수면과 휴식, 그리고 주변 사람들과 함께 요리를 만들고 식사를 하는 생활 습관을 모두 아우른다. 또한 소식으로 유명한 오키나와 식단도 적게 먹는 것이 건강과 장수에 좋다는 도교의 영향을 받았으며, 사회 활동을 열심히 하며 활동적인 전통 춤을 즐기고 소식을 유지하는 식습관들이 장수의 비결이 되었으리라고 생각한다.

식이 제한은 단기적 목표가 아니라 건강을 위해 평생 함께 갖고 가야 할 식습관이다. 꾸준히 그리고 천천히 습관을 이어가면 어느 순간에 우리 뇌의 시상하부에서 식욕과 포만감을 느끼는 기준점이 달라져 고영양소/저칼로리 식사가 오히려 편안하게 느껴진다. 그리고 어느 정도 습관이 되었을 때 해가 있는 동안만 식사를 하는 시간제한 식이법을 함께 활용하면 더욱 도움이 된다(자세한 내용은 8장 참조).

당지수와 당부하지수가 낮은 곡물 위주의 식단

당분의 과다 섭취는 치매, 심뇌혈관질환, 비만, 당뇨병 등 현대인의 건강을 위협하는 질병의 발생과 밀접한 관계가 있다. 이 때문에 일부 의학자들은 당분의 과다 섭취가 소금보다 심뇌혈관질환에 더 위험하다고 주장하기도 한다. 당분은 복합당류와 단순당류로 구분할 수 있다. 복합당류는 쌀이나 감자, 고구마 등 곡식에 들어 있는 탄수화물을 말하고 단순당류는 설탕과 같이 음식의 맛을 내기 위해 첨가한 당류를 의미한다. 건강에 나쁜 영향을 주는 것은 바로 첨가당이다. 이러한 음식들은 당지수를 끌어올려 식사 후 혈당과 인슐린 분비를 급격히 높이기 때문이다. 과거 도시에서 멀리 떨어진 한적한 곳에 위치한 장수 마을은 단순당의 섭취가 극히 제한되었다.

장수 마을의 주식은 특징적으로 당지수와 당부하지수가 낮은 식품이다. 당지수는 각 식품을 섭취한 후 혈당을 올리는 속도를 포도당과 비교하여 나타낸 수치다. 다시 말해 포도당 50그램의 혈당 상승 속도를 100으로 정했을 때 각 식품에 포함된 동일한 양(50그램)의 탄수화물을 섭취한 후 혈당 상승 속도를 수치화한 것이다. 0부터 100까지로 표시되며, 수치가 55 이하이면 당지수가 낮은 음식, 그리고 70 이상이면 당지수가 높은 음식이다. 당부하지수는 식품의 1회 섭취량을 먹었을 때 혈당 상승이 포도당 몇 그램에 해당되는지를 나타내는 수치다. 식품 1회 양에 포함된 탄수화물과 그 식품의 당지수를 곱하고 이를 100으로 나눈 값이다. 이 수치가 10 이하면 당부하지수가 낮은 식품, 그리고 20 이상이면 당부하지수가 높은 식품이라고 부른다.

당지수와 당부하지수가 높은 음식을 섭취하면 혈중 인슐린이 급격히 상승되어 혈당 조절이 이루어지는데, 식후 3~5시간이 지나면 과도한 인슐린 분비로 인해 혈당이 저하되고 이때문에 배고픔을 느끼고 다음 식사량이 많아져 비만으로 이어진다. 뷔페 식사 등으로 과식을 한 다음 날 배고픔이 더 빨리 찾아오는 것은 이러한 이유 때문이다. 뿐만 아니라 최근 연구 결과들은 당지수와 당부하지수가 높은 식단은 제2형당뇨병, 관상동맥질환의 발생 위험을 증가시키고, 암 발생과도 연관성이 있는 것으로 보고하고 있다.

반면 정제되지 않은 곡식이나 쌀 등의 전곡류로 만들어진 식품을 주로 먹는 사람들은 당뇨병, 고지혈증, 고혈압, 암의 발생이 낮아지고 사망률도 낮아지는 것이 다양한 연구 결과에서 충분히 검증되고 있다.[5] 일례로 덴마크 코호트 연구에 의하면 밀, 귀리, 호밀 등의 전곡류를 하루에 16그램(1인분) 더 먹을 때마다 제2형당뇨병이 각각 11퍼센트(남자), 7퍼센트(여자) 감소했고, 전곡류 섭취가 많은 상위 25퍼센트에 속한 사람은 하위 그룹보다 제2형당뇨병이 각각 34퍼센트(남자), 22퍼센트(여자) 더 적게 발생했다.[6] 또 다른 연구에서는 체중 감소를 보고했고,[7] 또한 2만 3000명 이상의 대상자를 메타 분석한 연구에서는 전곡류 섭취군에서 총사망률이 13퍼센트, 심혈관 사망률 19퍼센트, 암에 의한 사망률이 11퍼센트 감소되는데, 섭취가 많을수록 사망률의 감소가 증가하는 경향을 보였다.[8] 이와 같이 전곡류 위주의 식단은 질병을 예방할 뿐 아니라 노화를 늦추고 노화 관련 질환의 발생 또한 낮추는 효과가 있음이 다양한 연구에서 검증되고 있다.

저당 식단을 실천하는 방법

당지수와 당부하지수가 낮은 곡물은 대두, 현미, 보리, 귀리, 호밀, 고구마, 메밀, 시리얼 등이다.[9] 서구인들은 전곡류의 식품을 주로 시리얼, 정제되지 않은 호밀이나 밀, 또는 여러 곡물로 만들어진 빵, 파스타, 비스킷 등을 통하여 섭취한다. 우리 문화에서는 현미, 보리, 귀리 콩류로 만든 잡곡밥이나 기타 대두식품, 견과류 등의 식물성식품을 통해 섭취할 수 있다. 건강식을 위해 식품의 당지수와 당부하지수를 일일이 확인할 필요는 없다. 이들 지수가 낮은 식품의 특성은 달지 않고 정제되지 않아 씹을 때 식감이 느껴지는 거친 음식들이다. 영조의 수라상에 주로 올라갔던 음식들이었을 것이다.

장수 곡물 중 보리와 현미는 우리 민족의 애환과 함께했던 곡물이다. 특히 보리는 5~6월마다 찾아오는 춘궁기에 굶주림에서 우리 민족을 구해준 곡물이다. 하지만 최근 20~30년간 우리나라 쌀과 보리의 소비가 급감하고 그 대신 빵이나 고열

량의 인스턴트식품, 그리고 육류의 소비가 빠르게 늘면서 당뇨병, 고혈압, 고지혈증, 비만의 발생이 급증했다. 실제로 30세 이상 성인의 당뇨병 유병률은 1970년대 초에 약 1.5퍼센트 정도였으나 2000년대에 들어서면서 8퍼센트가 넘었고 2020년에는 16.7퍼센트까지 증가했다.[10] 이는 식생활 습관의 변화가 중요한 요인이다.

다행히 최근 들어 보리와 현미, 그리고 귀리나 호밀, 메밀 등의 곡물들이 다시 건강식품으로 새롭게 인식되고 있다. 이들 식품은 장운동을 돕고 장벽을 튼튼히 하여 장 건강에 도움이 된다. 이들 식품에 함유된 섬유질이 장내 유익균의 좋은 먹이가 되기 때문이다. 또한 포만감을 쉽게 느끼게 하여 과식을 피할 수 있다. 그와 더불어 이들 곡류에 들어 있는 다양한 항산화 영양소들, 즉 폴리페놀, 토코페롤, 셀레늄 등이 암세포의 발육과 증식을 억제하고, 풍성한 식이섬유가 대장암의 발생 위험을 낮출 뿐만 아니라 변비의 개선도 도와준다. 식이섬유의 일종인 베타글루칸은 간에서 콜레스테롤 합성을 억제하는데 곡류 중에서 보리에 가장 많이 함유되어 지질대사 개선에 도움이 된다. 그리고 현미의 쌀겨에 풍부한 칼륨이 혈압 조절에 도움이 된다. 따라서 이들 곡물을 충분히 섞어 조리한 잡곡밥을 먹는 습관을 가지는 편이 좋다.

고구마는 전통적으로 오키나와인의 주된 탄수화물 섭취원

이었다. 고구마는 가난한 농부나 어부가 먹는 음식이었는데, 여기에 오키나와인의 건강 비결이 있었던 것이다. 고구마는 식이섬유가 풍부하고 당지수가 낮을 뿐만 아니라 비타민 A와 C, 칼륨, 철분, 칼슘이 풍성히 들어 있고, 안토시아닌 등을 비롯한 다양한 폴리페놀과 항산화 영양소가 함유되어 있다. 이 때문에 미국 암학회나 심장학회 등에서 질병 예방을 위한 건강한 식단에 고구마를 추천하고 있다.[11]

섬유질이 풍부한 곡물은 과민성 대장염과 같이 소화 기능이 저하된 사람들이 한꺼번에 많은 양을 섭취했을 때 복부 팽만감, 복통, 설사 등의 소화장애를 일으킬 수 있다. 따라서 조금씩 양을 늘리며 천천히 여러 번 씹어 먹어야 한다. 또한 현미의 쌀겨에는 요산의 생성을 증가시키는 푸린이 많이 함유되어 있으므로 통풍의 과거력이 있거나 요산이 높은 사람들은 과도한 섭취를 피하는 것이 좋다.

식물성 영양소(폴리페놀)가 풍성한 식단

파이토케미컬phytochemical 또는 식물성 영양소는 간혹 폴리페놀과 혼용되어 사용되기도 하지만 각종 비타민, 무기질, 섬유질을 포함하여 식물 속에 존재하는 성분들 중에서 건강에 유익한 생리 활성을 지닌 모든 영양소를 총칭하는 단어다.[12] 정제되지 않은 곡식이나 과일에 가장 많이 함유되어 있으며, 아직 극히 일부분만 밝혀져 있지만 이 중 폴리페놀이 가장 많이 연구되고 있다.

폴리페놀은 각종 식물에서 8000종 이상의 다양한 형태로 존재하는 유기 합성물이다. 식물마다 서로 다른 색을 갖는 것이 바로 폴리페놀 때문이다. 폴리페놀의 '폴리'는 그리스어로 '많음'을 의미하고 '페놀'은 벤젠 고리에 수산기(-OH)가 결합된 화합물을 의미한다. 즉 페놀이 여러 개 결합된 구조다(그림 10-1과 10-2).

그림 10-1 **폴리페놀의 구조**

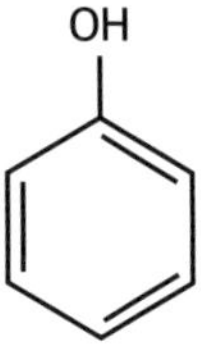

페놀 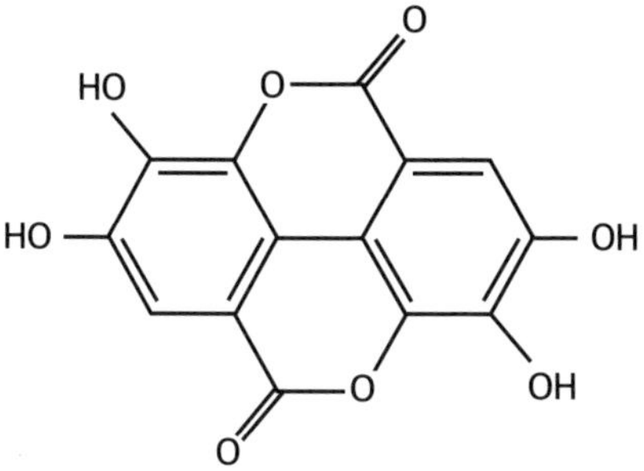   폴리페놀

그림 10-2 **폴리페놀의 종류**

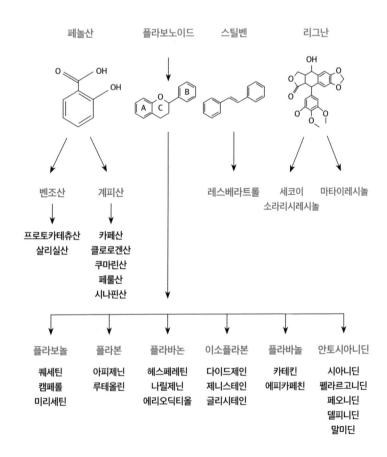

페놀산　　　플라보노이드　　스틸벤　　　리그난

벤조산　　　계피산　　　　　　레스베라트롤　세코이　마타이레시놀
　　　　　　　　　　　　　　　　　　　　　　소라리시레시놀

프로토카테츄산　카페산
살리실산　　　　클로로겐산
　　　　　　　　쿠마린산
　　　　　　　　페룰산
　　　　　　　　시나핀산

플라보놀　　　플라본　　　플라바논　　　이소플라본　　플라바놀　　안토시아니딘

퀘세틴　　　아피제닌　　헤스페레틴　　다이드제인　　카테킨　　　시아니딘
캠페롤　　　루테올린　　나릴제닌　　　제니스테인　　에피카페친　펠라르고니딘
미리세틴　　　　　　　　에리오딕티올　글리시테인　　　　　　　　페오니딘
　　　　　　　　　　　　　　　　　　　　　　　　　　　　　　　델피니딘
　　　　　　　　　　　　　　　　　　　　　　　　　　　　　　　말미딘

폴리페놀은 식물들이 세균이나 곰팡이, 각종 해충과 자외
선으로부터 자신들을 보호하기 위해 만들었는데, 인체나 동
물 연구에서 항염 작용, 항산화 작용과 함께 항세균 및 항바이

러스, 항혈전 작용이 있어 만성질환 예방과 건강 증진에 중요한 역할을 할 수 있음이 밝혀지고 있다. 또한 동물 연구나 세포 연구에서 폴리페놀은 악성세포를 고사하며, 손상된 세포를 수선하고, 미토콘드리아 기능을 향상시키며, 신경세포를 보호하고, 심혈관 기능을 개선한다. 이 때문에 최근 각종 암과 치매나 파킨슨병과 같은 퇴행성신경질환, 심혈관질환, 비만, 제2형당뇨병 등의 예방과 치료에 도움이 될 것으로 기대하고 많은 연구가 이루어지고 있다.

폴리페놀이 건강에 좋은 영향을 미치는 기전은 세포 내에서 염증을 억제하고 미토콘드리아의 생성을 촉진하며 세포자가포식을 유도하는 신호전달 체계를 활성화함으로써 이루어진다. 실제로 폴리페놀은 칼로리 제한 시 활성화되는 서투인과 에너지 생성에 관여하는 AMPK를 활성화시켜 미토콘드리아의 생성과 기능을 좋게 하고, 염증 유발 물질인 사이토카인 생성에 관여하는 핵인자 카파비를 억제하여 항염 효과를 나타낸다. 뿐만 아니라 FOX 단백질*을 활성화하여 세포의 자가포식을 유도함으로써 건강한 세포를 만든다.[13] 폴리페놀의 또 다른 중요한 역할이 항산화 작용인데 활성산소를 중화하는 역할과 더불어 자유라디칼을 자신의 분자구조 안에 붙여서 제거하

* 세포의 성장, 증식, 분화 및 수명과 관련된 유전자의 발현을 조절하는 데 중요한 역할을 한다.

는 청소부 역할도 담당한다. 또한 유전자에 작용하여 내인성 항산화효소의 생성을 촉진한다. 이러한 다중적 역할로 산화스트레스로부터 질병을 예방하고 건강한 장수를 이루게 한다.[14] 폴리페놀의 또 하나 빼놓을 수 없는 역할이 바로 장내 유익균의 좋은 먹이가 되어 장벽을 튼튼히 하여 장내 독소가 우리 몸속으로 들어오지 못하도록 하는 것이다. 장벽의 건강은 면역력을 높이고 에너지와 대사의 균형을 이루어 비만을 억제하는 효과가 있다.[15]

식물성 영양소가 풍부한 식단을 실천하는 방법

폴리페놀이 많은 음식은 블루베리, 딸기, 키위, 체리, 가지, 양파, 방울토마토, 케일, 브로콜리, 셀러리, 각종 콩류, 사과, 포도, 두부, 강황, 코코아, 초콜릿, 커피, 적포도주 등이다. 하지만 그림 10-2에서 보았듯 폴리페놀의 종류는 매우 다양하고 식품에 따라 주된 폴리페놀의 함량도 제각각 다르다. 따라서 건강 증진과 질병 예방을 위해 특정 음식을 선택하는 것은 무의미하다. 가급적 다양한 식물성 영양소를 다양한 식품(곡류, 채소, 과일, 견과류, 식물성기름)을 통해 섭취해야 한다.

이를 위해 두 가지 방법을 제시할 수 있다. 첫 번째는 식사의 총칼로리 중 식물성 영양소가 풍부한 식품의 비율이 얼마나 되는지 따져보는 것이다. 식물성 영양소가 풍부한 식품의 범주에는 전곡류, 잡곡류, 콩류, 대두식품, 씨앗류, 과일, 채소 (고구마 포함, 감자 제외), 과일이나 채소 주스, 포도주, 맥주 등이 포함되고, 당류, 도정된 쌀밥이나 감자, 동물성식품, 소주나 위스키 등 도수가 높은 술은 제외된다. 이를 식물성 영양소 지표phytochemical index라고 부른다. 지금까지 연구에 의하면 이 지표가 만성질환의 발생 위험이나 비만과 밀접한 관계가 있다.[16, 17]

두 번째 방법은 음식의 색이 다양한 식단을 구성하는 것이다. 앞서 설명한 대로 식물의 색은 식물성 영양소에 의해 결정된다. 이 때문에 일부 연구자는 진하고 다양한 색의 '무지개색 식단'을 권하며, 일반인들이 쉽게 이해할 수 있도록 빨간색(항염증), 주황색(내분비와 생식 건강), 노란색(소화 기능), 초록색(심혈관 건강), 파란색과 보라색(인지기능) 등으로 색에 따른 주된 역할을 구별하여 재미있게 소개하고 있다.[18] 이러한 주장이 타당성이 있는지는 추후 검증이 필요하다. 하지만 가능한 식물성식품으로 칼로리를 섭취하려고 노력하는 것이 도움이 되고, 특히 다양한 색으로 구성된 식단이 식물성 영양소가 풍성할 것임은 분명한 사실이다.

항염 기능 식단

사이토카인 등의 염증 유발 물질은 외부에서 병균이 침입했을 때 우리 몸을 지키는 역할을 한다. 그러나 이것이 장기적으로 지속되는 만성염증은 신체 각 부분의 장기와 세포를 손상시켜 만성질환의 중요한 요인으로 작용한다. 실제로 심장질환, 동맥경화, 치매, 파킨슨병 등의 퇴행성신경질환, 제2형당뇨병, 천식, 비만 등과 암도 만성염증과 관련이 있다. 식사가 만성염증의 주된 원인은 아니지만, 건강하지 못한 식단은 만성염증을 유발하거나 악화시키고, 건강한 식단은 염증을 낮추고 만성질환의 발생을 60퍼센트까지 예방할 수 있는 것으로 알려져 있다.[19]

염증을 유발하는 식단 중 대표적인 것이 당부하지수가 높은 식품이다. 정제된 곡류나 단순당이 높은 식품은 췌장에서 인슐린 분비를 촉진하고 이것이 염증 반응에 중요한 역할을 하는 아라키돈산의 생성을 촉진해 만성염증이 악화될 수 있다. 또한 비활동성과 과식, 그리고 비만은 염증 유발 사이토카인의 생성을 높여 만성염증을 일으키는 중요한 요인이다.

오메가3지방산은 아라키돈산의 생성을 억제하고, 항염 신호전달 물질(리졸빈)의 생성을 촉진시켜 항염 작용을 한다. 이때 육류나 우유에 많은 오메가6지방산과 연어나 등푸른생선에 많은 오메가3지방산의 비율이 중요하다. 이 둘의 비율이 10 대 1보다 크면 만성염증이 증가하고, 5 대 1보다 작으면 심혈관질환, 류머티즘성관절염, 천식 등 만성염증과 관련된 질환에 긍정적 효과가 있는 것으로 알려져 있다. 항염 식단에 오메가3지방산이 중요한 역할을 하는 이유다.[20]

폴리페놀도 항염 식단에서 큰 비중을 차지한다. 활성산소를 중화하고 항산화효소의 생성을 촉진하며 핵인자 카파비의 활성을 억제함으로써 항염 작용을 수행한다. 칼로리 제한은 체내 지방을 줄이고 염증성 사이토카인의 생성을 줄여 항염 작용을 나타낸다.

항염 기능 식단을 실천하는 방법

다양한 색의 채소를 매끼 많은 양 먹는다. 간식으로 두 차례 더하면 더욱 좋다. 과일은 과당이 높지 않은 것으로 먹는다. 총칼로리의 3분의 2 정도를 채소와 과일로 섭취하는 것이 가장 바람직하다. 계절 과일이나 채소를 선호하지만 냉동식품도 대안이 될 수 있다.

단백질은 콩류나 대두식품, 견과류 등의 식물성이나 생선으로 섭취한다. 일부 연구에서 대두식품을 먹으면 염증 표지자 수치가 감소된다는 보고가 있다. 적색육은 가급적 피하되 선택할 때는 목초를 먹고 사육된 것이 오메가6와 오메가3 지방산의 비율이 더 낮아 유리하다. 탄수화물은 정제되지 않은 현미, 보리, 귀리 등의 곡류와 잡곡으로 섭취한다. 지방산은 오메가3가 많이 함유된 연어, 고등어, 정어리로 섭취하고, 보충제로 생선 기름으로 만든 오메가3를 하루에 세 번, 1000밀리그램 복용하는 것도 도움이 된다.

그 외 다양한 차를 자주 마시는 습관도 좋고 생강이나 마늘 같은 양념류에도 항염 작용이 있다. 건강 식단으로 잘 알려진 지중해 식단이나 오키나와 식단도 항염증 식단에 속한다.

장내미생물의 먹이가 되는 섬유질이 풍성한 식단

19세기 말, 노벨상 수상자인 일리야 메치니코프Илья Мечников는 "노화는 장의 유해균에 의해 초래된다"라고 생각했고, 따라서 "장의 나쁜 세균을 유산균으로 바꾸어주면 늙지 않고 장수할 수 있다"라고 믿었다. 실제로 메치니코프는 자신의 장을 건강하게 하기 위해 우유를 오래 방치하여 유산균으로 시게 만든 후 먹었다고 한다. 이러한 가설은 최근 들어 우리 장에 살고 있는 미생물들이 우리 건강을 위해 꼭 필요한 공생관계임이 속속 밝혀지면서 사실로 증명되고 있다. 실제로 장내미생물이 비만, 심혈관질환, 암, 면역, 노화, 심지어 인지와 정서 기능과 관련 있음이 밝혀지면서,[21] 이들의 조성과 역할에 대한 연구가 대폭 늘어나며 의학계에 중요한 이슈로 자리 잡고 있다.

장 안에는 우리 몸의 세포 수보다 무려 10배나 많은 장내 미생물이 군락을 이루며 살고 있다.[22] 이들이 과거에는 미처 몰랐던 다양한 역할을 수행하며 우리의 건강에 밀접한 영향을 미치고 있는 것이다. 이 때문에 일부 의학자들은 장내미생물총을 "지금까지 잊고 있었던 내분비기관, 혹은 제2의 뇌"라고까지 표현한다.[23]

장내미생물은 흔히 건강에 유익한 역할을 하는 균과 유해균으로 나뉘는데, 이들의 조성과 균형은 생활 습관과 식단에 지대한 영향을 받는 것으로 밝혀지고 있다. 고칼로리의 건강치 못한 식단이나 운동 부족, 스트레스, 밤낮이 바뀐 생활, 과식, 비만, 심지어 소음 공해까지도 장내미생물총의 조성에 불균형을 초래한다.[24] 반면 섬유질과 식물성 영양소가 풍부한 식단, 그리고 건강한 생활 습관은 유익균이 많아지도록 장내 환경을 바꾸어줌으로써 전반적인 건강 증진과 노화 관련 질환의 예방에 관여한다. 과거에는 섬유질이 풍부한 식단의 역할은 단지 변을 무르고 양을 많게 하여 쾌변을 보게 하는 것이라고만 여겼다. 하지만 섬유질과 식물성 영양소가 풍부한 식단은 장내 유익균의 좋은 먹이가 되므로 미생물의 조성을 좋게 하여 질병 예방과 장내 건강을 이룰 수 있게 한다.[25] 한편 나이가 들면서 장내미생물의 조성도 바뀌는데, 미생물의 종류가 적어져 종의 다양성이 없어지고, 혐기성 세균의 분포가 많아진다. 일부 의학자들은 이것이 노화 관련 질환의 발생과 연관이 있을 것으로 생각하고 있다.[26]

장내미생물은 우리 몸에서 매우 다양하고 중요한 일들을 많이 한다.[27] 첫째, 장내미생물은 장벽을 튼튼하게 해준다. 장점막이 손상된 부분을 보수하고 이음새를 촘촘하게 하여, 장 안의 독성물질이 혈액 내로 유입되지 못하게 막는다. 또한 점액질 분비를 촉진시켜 병원균이 장벽에 부착되지 못하게 하고, 항세균 물질을 분비하여 장내 병원균의 증식을 억제한다. 그리고 장 세포의 증식과 발육을 촉진함으로써 장벽의 기능을 유지한다. 둘째, 장내미생물은 소화가 되지 않는 섬유소에서 각종 영양소와 에너지를 만들어준다. 실제로 우리 몸의 유익균들은 다양한 효소를 분비하여 사람은 소화시킬 수 없는 섬유질에서 단순당류, 지방산 등과 같은 영양소와 비타민K, 비타민B12, 엽산 등의 비타민을 합성한다. 셋째, 장내미생물은 면역계를 자극하여 건강하게 발육시키는 역할을 한다. 그리고 마지막으로 암의 발생도 억제한다.

섬유질이 풍성한 식단을 실천하는 방법

섬유질은 채소뿐 아니라 생강, 마늘, 계피, 후추 등의 양념과 더불어 전곡류나 블루베리, 견과류 등 각종 과일에도 많이 들어 있다. 사과는 가급적 깨끗이 씻어 껍질째 먹는 것이 좋다. 껍질에 식물성 영양소와 섬유질이 많기 때문이다.

바쁜 일상생활에서 장내미생물을 건강하게 만들어주는 식단을 다음과 같이 실천해볼 수 있다. 일주일에 적어도 50종류 이상의 다양한 식물성 음식을 섭취하고 이를 적어보는 것이다. 음식에 포함된 향료나 양념은 모두 한 가지씩으로 하고 적양파처럼 두 가지 색이 있는 음식은 2종류로 간주한다. 반면 빵이나 밥 그리고 파스타는 1종류의 탄수화물로 간주한다. 따라서 여러 가지 곡물이 포함된 잡곡밥이 유리하다. 한 보고에 의하면 이러한 식단을 실천하면 집중력과 활력이 더해지고 정서적으로 안정될 뿐만 아니라 인지기능과 면역기능, 지질표지자가 개선된다.[28]

요구르트 등의 발효식품은 장내미생물의 종류를 다양하게 하고 체내 염증 반응을 감소시키며 면역기능을 호전시킨다. 이와 관련된 최신 연구 가운데 하나는 식물성 발효식품을 17주간 섭취했을 때 장내미생물의 종류가 다양해지고 염증 표지자가 감소하는 것을 보고했다.[29] 지중해 식단이나 오키나와 식단도 장내 유산균의 조성을 풍성히 하고 유익균을 많아지게 하는 역할을 한다.

면역 강화 식단

영양결핍은 숙주의 방어기전에 필수적인 면역기능을 저하시키는데, 탄수화물, 지방, 단백질 등 거대 영양소의 불충분한 섭취나 특정한 미세 영양소의 결핍에 의해 초래된다. 현재까지 동물이나 사람을 대상으로 한 연구를 통해 면역기능에 관여하는 것으로 알려진 영양소는 비타민A와 비타민D, 그리고 비타민 B1, B6, B12, 엽산과 비타민C 등과 함께 아연, 구리, 마그네슘, 셀레늄 등의 미세 영양소다. 또한 아미노산으로 아르지닌과 트립토판, 불포화지방산으로 오메가3 등이다.[30]

이들 영양소가 결핍되면 세포매개면역, 대식세포의 포식기능, 사이토카인 생성, 항체 반응, 항체 친화력 등의 면역기능이 저하된다. 장수 마을 식단을 보면 전곡류에 의한 탄수화물, 식물성 단백질과 오메가3지방산 등으로 거대 영양소의 균형이 잡혀 있고 또한 미세 영양소가 결핍되지 않도록 콩류나 잡곡, 신선한 채소나 과일, 견과류의 섭취가 이루어지고 있다.

면역 강화 식단을 실천하는 방법

면역기능을 건강하게 하는 식단은 각종 영양소가 풍부하게 포함된 균형식이다. 단순당류나 패스트푸드 등의 섭취를 줄이고 전곡류와 함께 식물성 단백질의 섭취를 위해 견과류와 대두식품, 오메가3지방산이 풍부한 생선이나 올리브오일, 그리고 비타민이나 미세 영양소가 풍부한 씨앗, 견과류, 다양한 색의 채소나 과일을 섭취한다. 아르지닌이나 트립토판 등의 아미노산은 대식세포의 증식과 활동을 조절해줄 뿐만 아니라 항염 작용도 함께 수행하며 면역 조절 작용을 한다. 아르지닌이 많은 식품으로는 견과류와 대두식품 등의 식물성 단백질과 등푸른생선, 우유, 달걀, 육류 등이 있다. 또한 아르지닌은 일산화질소의 재료가 되어 혈관 기능을 좋게 하고, 세포의 자가포식현상을 유도하는 폴리아민의 재료가 되어 항염 작용, 항산화 작용, 그리고 지질대사에 관여한다.[31] 면역 강화 및 조절 작용이 있는 비타민A와 비타민D는 지용성이므로 올리브오일 등의 기름과 함께 섭취하는 것이 좋다. 이들 비타민은 시금치, 당근, 생선, 간, 양배추, 브로콜리, 대두식품, 버섯, 우유 등에 많이 포함되어 있다.

장수 식단, 어떻게 구성할 것인가?

장수 식단의 핵심은 앞서 설명한 바와 같이 당지수와 당부하지수가 낮은 곡물이나 뿌리채소(고구마) 위주의 식단, 폴리페놀과 항산화 영양소가 풍성한 식단, 항염 작용이 있는 오메가

3지방산과 단일 불포화지방이 포함된 식단, 그리고 섬유질이 풍성한 전곡류나 뿌리채소 위주의 식단을 위주로 함과 동시에 단순당과 육류의 섭취를 줄이고 콩이나 견과류 등의 식물성 단백질 섭취를 늘려 면역계를 건강하게 하는 식단이다. 이와 같은 식단은 칼로리가 높지 않기 때문에 자연스럽게 칼로리 제한을 이룰 수 있다. 구체적인 식단의 구성은 여기서 다루기 어려우나, 어떤 내용의 식단이라도 장수 식단의 핵심적이고 공통된 내용만 갖추고 있다면 질병 예방과 건강 증진에 중요한 버팀목이 되리라 생각한다.

예를 들어 지금까지 수많은 연구로 건강 증진 및 질병 예방 효과를 입증한 지중해 식단은 나라와 지역에 따라 다소 차이를 보이지만 다음과 같은 세 가지 공통적인 특징이 있다. ① 올리브오일과 녹색 채소, 양파, 마늘, 토마토 등의 채소와 더불어 신선한 계절 과일, 그리고 전곡류로 만든 빵이나 파스타, 견과류와 콩류가 주된 성분으로 구성된 식단 ② 생선을 포함한 해물류, 가금류, 달걀, 우유나 요구르트가 적절히 배합된 식단 ③ 적색육과 가공육, 정제된 탄수화물이나 당류의 섭취가 제한된 식단이다.

또한 전통적인 오키나와 식단의 특징을 몇 가지로 요약하면 ① 소식(저칼로리 식이) ② 뿌리채소(고구마) 중심의 고탄수화물과 저지방, 저단백 식이 ③ 녹황색 채소 중심의 고식물성

영양소 ④ 대두식품 중심의 식물성 단백질 섭취다. 더 구체적
으로는 고구마, 녹황색 채소, 두부나 콩류 식품을 끼니마다 많
이 먹고 그 외 약간의 생선과 국수, 그리고 기름 없이 삶은 고
기 등을 소량 섭취한다. 이처럼 과거 오키나와인의 전통 식단
은 거의 채식주의 식단에 가까웠다. 대부분의 가정이 백미나
고기를 먹을 수 없었고, 주변에서 쉽게 구할 수 있는 계절 채소
나 해초류를 주식으로 삼았다.

그림 10-3 **지중해 식단**

육류, 당류 등		월 단위
생선, 해산물 등		주 단위
유제품, 달걀, 올리브오일		
채소와 과일		일 단위
통곡물, 파스타, 콩류 등		

그림 10-4 오키나와 식단

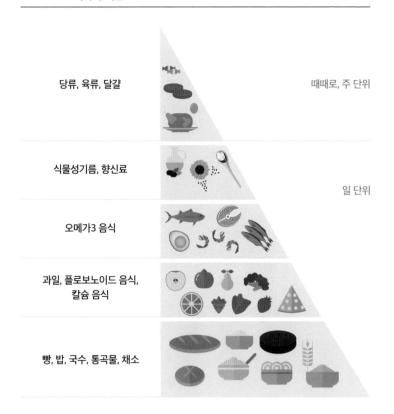

당류, 육류, 달걀		때때로, 주 단위
식물성기름, 향신료		
오메가3 음식		일 단위
과일, 플로보노이드 음식, 칼슘 음식		
빵, 밥, 국수, 통곡물, 채소		

세계 장수 식단은 자연이 주는 풍요로움 속에서 이웃과 더불어 살면서 절제와 나눔이 어우러져 건강을 이루는 문화라고 볼 수 있다. 오늘날 많은 사람들이 영양제나 건강기능식품 등을 통해 간편하게 몸이 건강해지길 바라지만, 앞서 여러 번 언

급했듯 이에 대해서는 여전히 연구되어야 할 부분이 많다. 그
보다는 세계 장수 마을 식단의 특징을 고려하여 자신에게 맞
는 건강식을 습관화하는 편이 도리어 건강하고 활기찬 노년을
맞이하는 지름길이 될 것이다.

가장 건강한 노화를 위하여

지금까지 우리는 활기차고 성공적인 노화를 이루기 위해 노화의 원리를 이해하고 그에 따른 실천 방법을 살펴보았다. 1부에서는 진화의학이라는 거시적인 관점에서 일회가용신체설과 맞버팀 다형질발현으로 노화의 본질적 의미를 이해했다. 동시에 분자생물학적인 관점에서 세포가 노화되면서 나타나는 특징적 변화 아홉 가지와 함께 노화의 프로그램 이론과 무작위 손상 이론을 소개했다. 더불어 면역노쇠와 만성염증의 원인과 결과, 그리고 최근 의학계에서 새롭게 관심이 집중되고 있는 노화 세포의 특징과 치료 방향에 대해 간략히 설명했다. 2부에서는 신체 노화와 관련된 보다 직접적인 원인으로서 세포의 헤이플릭 현상과 텔로미어, 그리고 노화 방지 호르몬들의 허와 실을 관련된 연구들과 함께 소개했다. 또한 지난 수십 년 동안 의학자들은 물론 일반인에게도 수없이 회자되었던 활성산소와 미토콘드리아 이론을 관련 연구들과 함께 논란의 쟁점도 짤막하게 설명했다.

이러한 지식들을 활용하면 성공적인 노화를 이루기 위해 우리가 무엇을 어떻게 실천해야 할지 핵심적인 실천 방향과 목표가 보다 뚜렷해진다. 신체 노화에 대한 진화의학적 이해와 세포 단위의 미시적인 지식이 신체 노화를 늦추고 노화 관련 질환을 예방하기 위해 필요한 것들을 우리 눈앞에 분명하게 보여주기 때문이다.

젊음을 가능한 오랜 기간 유지하고 질병 발생을 억제하려면 무엇을 어떻게 해야 할까?

첫째, 진화의학의 일회가용신체설의 관점에서 볼 때 발육과 성장이 모두 끝난 청장년층의 경우 신체 유지와 보수를 위해 생체 신호전달 체계가 활성화되어야 한다. 노화의 원리와 진행을 생각해볼 때 이러한 효과를 낼 수 있는 방법은 매우 쉽고 단순하다. 우리 신체에 영양 공급이 풍부하다는 신호를 보내지 말아야 하는 것이다. 즉 식물성 영양소는 충분히 섭취하되 칼로리가 많은 음식을 배불리 먹는 것을 피하면 된다. 기름진 음식이나 단순당의 섭취가 제한된 적절한 소식이 건강에 유리한 이유다. 이러한 식습관이 비만을 예방하고 과도하게 축적된 지방 때문에 발생하는 많은 질병들을 예방할 수 있다.

둘째, 진화의학의 맞버팀 다형질발현 이론의 측면에서 볼 때 노년기에 젊은 시절의 힘과 활력을 되찾고 회춘하려는 시도는 오히려 해가 될 수 있다는 것을 반드시 기억해야 한다(예를 들어 암의 발생이 증가할 수 있다). 따라서 노년기에는 자신의 상태에 맞는 목표와 방향을 무리가 되지 않게 설정할 필요가 있다. 백세노인이나 장수 마을 장수인들의 삶에서 큰 그림의 원리를 찾을 수 있다.

셋째, 분자생물학의 관점에서 세포 소기관들의 손상을 최대한 늦추는 것이다. 세포 소기관 중 손상에 특히 취약해 노화를 촉진할 수 있는 소기관은 염색체와 텔로미어, 미토콘드리아다. 활성산소와 산화스트레스, 호르몬 불균형, 자율신경의 부조화 등이 이들 기관의 손상을 초래하는 직접적 원인이 되고, 건강치 못한 생활 습관, 즉 영양소가 불균형한 식단, 적은 활동량, 흡연과 과음, 스트레스 등에 의해 손상이 가속화된다. 나이가 들어갈수록 사람에 따라 생체나이와 실제 나이의 차이가 개인별로 크게 나는 이유다.

많은 의학자들이 분자생물학적 경로를 이용하여 노화 방지 및 질병 예방에 도움이 되는 약제 개발과 치료법을 찾기 위해 노력하고 있다. 하지만 이에 앞서 우리가 해야 할 일은 자명하다. 바로 생활 습관 개선과 건강한 식단이다. 이러한 방법들은 충분히 검증되어 있다. 또한 우리가 꼭 기억해야 할 것은 노화와 관련된 세포 내의 모든 생체 신호전달 체계들은 서로 밀접하게 연결되어 있기 때문에 특정 경로에 작용하는 약제 하나만으로 해결되기 어렵다는 것이다. 건강한 생활 습관과 식단은 세포 단위에서 신체 노화를 일으키는 원인을 제거하고 노화 과정을 억제하여 젊은 날의 체형과 건강을 유지할 수 있도록 한다. 대부분의 만성질환을 예방하는 생활 지침이 거의 동일한 것도 이와 같은 까닭이다. 이러한 지식을 토대로 3부에서 노화 방지와 건강 증진을 위한 생활 습관 개선과 식단 관리에 대해 실생활에 도움이 될 수 있는 수준에서 비교적 상세히 다루었다.

기대수명의 급속한 증가로 은퇴 이후에도 수십 년의 삶을 설계해야 하는 요즈음, 이 책이 건강하고 행복한 노년을 준비하고 맞이할 수 있는 길잡이가 되기를 소망한다.

감사의 말

약 25년 전 연세대학교 의과대학 가정의학교실 내 대학원 세미나에서 '노화방지의학'이라는 분야를 처음으로 소개받았다. 질병 치료가 모든 의학의 중심이 되던 시절이었기에 '노화방지의학'은 무척이나 생소하게 느껴졌다. 당시만 해도 질병 예방과 건강 증진에 대한 지식이 반세기 전 미국 캘리포니아 앨러미다 지역 주민을 대상으로 한 연구 결과를 바탕으로 발표된 생활 습관 일곱 가지에 머물러 있었다. 매우 중요한 연구 결과였지만 그 이유를 구체적으로 설명할 수 없었기에 논리와 실증을 중시하는 의학에서는 그 진가를 충분히 알지 못하고 있었다.

이때 접하게 된 노화방지의학은 세포 안에서 일어나는 다양한 분자생물학적 지식과 이론을 토대로 더욱 건강하게 오래 살 수 있는 방법을 알려줄 수 있을 것이라는 기대를 품게 하기에 충분했다. 이후 가정의학교실 주임교수였던 이혜리 교수님과 함께 몇몇 동료들이 모여 자료를 찾아가며 공부하기 시작했고, 국내외 해외 학회와 세미나 등을 통해 연구 결과를 발표하며 지식을 넓혀나갈 수 있었다. 그 결과 지금까지 150편 이상의 관련 논문을 국내외 학술지에 발표했으며 다양한 학회나 세미나에서 수많은 초청 강의를 했고, 또한 2009년부터 연세대학교 의과대학원에 노화방지의학 과목을 개설해 동료 교수들과 함께 강의해오고 있다. 이 여정을 돌이켜 보니, 부족한 내가 모든 일에서 최선의 성과를 얻을 수 있도록 늘 함께하며 길을 인도해주신 하나님께 깊은 감사를 드린다.

《노화 공부》는 지금까지 강의했던 자료들을 토대로 일반인도 노화 과학을 이해할 수 있게끔 정리한 책이다. 이 책에서는 신체 노화의 이론과 그동안의 노화 과학 연구의 성과와 방향, 그리고 이를 토대로 만성질환의 예방과 성공 노화를 이룰 수 있는 검증된 방안을 충실히 설명하며 독자들의 이해를 구하려 노력했다. 누구나 바라는 바인 젊고 건강하게 오래 살고 싶다는 소원은 정확하고 올바른 지식을 토대로 이루어지기 때문이다. 이 책이 수많은 건강 정보가 넘쳐나는 요즈음에 건강과 행복에 이르게 하는 길잡이가 되기를 소망한다.

끝으로 이 책이 출간될 수 있도록 성심껏 도와준 위스덤하우스 관계자들과 수많은 격려로 용기를 주며 응원해주었던 아내와 자녀들, 그리고 연세대학교 의과대학 가정의학교실 내 가족들께 마음을 다해 감사를 드린다.

2023년 8월
이덕철

부록

항산화 비타민 보충에 관한 임상 연구

1. 알파토코페롤/베타카로틴 암 예방 연구(ATBC)

Ann Epidemiol. The ATBC Cancer Prevention Study Group. The alpha-tocopherol, beta-carotene lung cancer prevention study: design, methods, participant characteristics, and compliance. 1994 Jan;4(1):1-10.

핀란드 흡연자 1만 9133명을 대상으로 알파토코페롤(비타민 E)과 베타카로틴의 암 및 질병 예방 효과를 검증하기 위한 연구. 베타카로틴을 복용한 군에서 폐암이 18퍼센트 증가했고 그 외 심장 관련 사망, 뇌출혈과 주된 심혈관 사건이 증가했다.

2. 폴립 예방 연구 그룹

Greenberg ER, Baron JA, Tosteson TD, Freeman DH , et al. A clinical trial of antioxidant vitamins to prevent colorectal adenoma. Polyp Prevention Study Group N Engl J Med. 1994 Jul 21;331(3):141-7.

과거 대장 선종의 병력이 있는 환자 751명을 대상으로 베타카로틴(25밀리그램)과 비타민C(1그램), 비타민E(400밀리그램)를 하나 혹은 조합으로 4년간 복용한 후 추적한 결과 대장 선종과 폴립의 발생률을 낮추지 못했다.

3. 베타카로틴과 레티놀 효과 시험 연구

Omenn GS, Goodman GE, Thornquist MD, Balmes J, et al. Risk factors for lung cancer and for intervention effects in CARET, the Beta-Carotene and Retinol Efficacy Trial. J Natl Cancer Inst. 1996 Nov 6;88(21):1550-9.

흡연자, 과거 흡연자와 석면 노출자 1만 8314명을 대상으로 베타카로틴과 비타민E를 복용 후 4년간 추적한 결과 폐암 발생이 28퍼센트, 사망이 17퍼센트 증가하여 연구가 예정보다 21개월 조기 중단되었다.

4. 미국 의사 건강 연구 I Physicians' health study I, PHS I

C H Hennekens CH, Buring JE, Manson JE, Stampfer M, Rosner B, et al. Lack of effect of long-term supplementation with beta carotene on the incidence of malignant neoplasms and cardiovascular disease N Engl J Med. 1996 May 2;334(18):1145-9.

12년 동안 2만 2071명의 미국 남성 의사를 추적한 결과 베타카로틴 보충제의 복용이 암, 뇌졸중, 심혈관질환의 발생이나 총사망률에 영향을 주지 못했다. 대상자의 11퍼센트는 당시 흡연자였고 39퍼센트는 과거 흡연자였다.

5. 알파토코페롤/베타카로틴 암 예방 세부 연구

Rapola JM, Virtamo J, Ripatti S, Huttunen JK, et al., Randomised trial of alpha-tocopherol and beta-carotene supplements on incidence of major coronary events in men with previous myocardial infarction. Lancet. 1997 Jun 14;349(9067):1715-20.

1번 연구의 대상자들 중 심근경색 병력이 있는 흡연자 1862명을 5.2년 추적했을 때 비타민E나 베타카로틴 복용이 관상동맥 사건을 줄이지 못했다. 하지만 치명적인 관상동맥질환으로 인한 사망은 베타카로틴 군에서 75퍼센트, 그리고 알파토코페롤 (비타민E)과 베타카로틴을 함께 복용한 군에서 58퍼센트 증가했다.

6. 심혈관 위험 인자에 대한 항산화 비타민의 효과 연구

Miller 3rd ER, Appel LJ, Levander OA, Levine DM. The effect of antioxidant

vitamin supplementation on traditional cardiovascular risk factors. J
Cardiovasc Risk. 1997 Feb;4(1):19-24.

297명의 은퇴 교사에게 비타민E, 비타민C, 베타카로틴의 복
합 비타민을 2~4개월 복용시킨 후 혈압, 공복 혈당, 지질지표
등의 변화를 측정해본 결과 차이가 없었다.

7. 간호사 건강 연구로 엽산을 포함한 종합비타민의 대장암 예방 효과 연구

Giovannucci E, Stampfer MJ, Colditz GA, Hunter DJ. Multivitamin use,
folate, and colon cancer in women in the Nurses' Health Study. Ann Intern
Med. 1998 Oct 1;129(7):517-24.

8만 8759명의 간호사에게 엽산이 포함된 종합비타민을 4년
동안 복용시켰을 때 대장암 발생을 감소시키지 못했다. 하지
만 15년 이상 장기 복용한 군에서는 대장암 발생이 75퍼센트
감소되었다.

8. 암과 심혈관질환 발생 위험 감소를 위한 여성 건강 연구

Lee IM, Cook NR, Manson JE, Buring JE, Beta-carotene supplementation
and incidence of cancer and cardiovascular disease: the Women's Health
Study. J Natl Cancer Inst. 1999 Dec 15;91(24):2102-6.

3만 9876명의 45세 이상 여성에게 베타카로틴을 4.1년 복용시
켰을 때 암이나 심혈관질환의 발생과 사망률의 차이가 나타나

지 않았다.

9. 심근경색 환자에서 오메가3지방산과 비타민E 보충제의 효과 연구

Gruppo Italiano per lo Studio della Sopravvivenza nell'Infarto miocardico. Dietary supplementation with n-3 polyunsaturated fatty acids and vitamin E after myocardial infarction: results of the GISSI-Prevenzione trial. Lancet. 1999 Aug 7;354(9177):447-55.

최근 심근경색을 앓았던 환자 1만 1324명에게 오메가3지방산과 비타민E를 2년간 복용시켰을 때 오메가3지방산은 사망, 치명적이지 않은 심근경색, 뇌졸중의 발생을 15퍼센트 줄였지만 비타민E의 효과는 없었다.

10. 심혈관질환과 허혈성 심장질환 발생 및 사망에 대한 비타민E 효과의 메타 연구

Dagenais GR, Marchioli R, Yusuf S, Tognosi G. 2000. Beta-carotene, vitamin C, and vitamin E and cardiovascular diseases. Curr. Cardiol. 2000;2(4): 293–299.

5만 1000명을 대상으로 비타민E를 1.4년에서 6년 복용시켰을 때 허혈성 심장질환의 사망이나 비치명적 심근경색의 발생률을 줄이지 못했다.

11. 심혈관질환 고위험군에서 비타민E 보충제의 효과(HOPE)

Vitamin E supplementation and cardiovascular events in high-risk patients: The Heart Outcomes Prevention Evaluation Study Investigators N Engl J Med. 2000 Jan 20;342(3):154-60.

심혈관 고위험군 환자에게 비타민E 400IU를 4.5년 복용시켰을 때 심혈관질환이나 뇌졸중의 발생과 사망률의 차이가 나타나지 않았다.

12. 노화 관련 안질환 연구 그룹(AREDS)

Age-Related Eye Disease Study Research Group A randomized, placebo-controlled, clinical trial of high-dose supplementation with vitamins C and E and beta carotene for age-related cataract and vision loss: AREDS report no. 9. Arch Ophthalmol. 2001 Oct;119(10):1439-52.

성인 4757명에게 베타카로틴과 비타민C, 비타민E를 7년간 복용시켰을 때 노화 관련 렌즈 혼탁이나 시력 저하의 발생을 낮추지 못했다.

13. 미국 의사에서 항산화 비타민과 심혈관질환 사망률에 대한 연구

Muntwyler J, Hennekens CH, Manson JE, Buring JE, et al. Vitamin supplement use in a low-risk population of US male physicians and subsequent cardiovascular mortality. Arch Intern Med. 2002 Jul

8;162(13):1472-6.

미국 남자 의사 8만 3639명을 대상으로 비타민E, 비타민C, 그리고 종합비타민을 복용시켰을 때 심혈관질환이나 허혈성 심장질환의 사망률을 낮추지 못했다.

14. 여성호르몬과 항산화 비타민 보충 요법이 폐경기 여성의 관상동맥경화에 미치는 효과 연구(WAVE trial)

Waters DD, Alderman EL, Hsia J, Howard BV, Effects of hormone replacement therapy and antioxidant vitamin supplements on coronary atherosclerosis in postmenopausal women: a randomized controlled trial. JAMA. 2002 Nov 20;288(19):2432-40.

하나 이상의 관상동맥 가지에서 15~75퍼센트 협착이 발견된 423명의 폐경기 여성에게 여성호르몬 보충이나 비타민C와 비타민E 보충 요법을 실시했을 때 심혈관질환에 대한 이득이 없었다.

15. 영국 심장 보호 연구

Heart Protection Study Collaborative Group MRC/BHF Heart Protection Study of antioxidant vitamin supplementation in 20,536 high-risk individuals: a randomised placebo-controlled trial. Lancet. 2002 Jul 6;360(9326):23-33.

2만 536명의 대상에게 5년 동안 비타민E, 비타민C, 베타카로
틴을 복용시켰을 때 심혈관질환과 암의 발생 예방 효과는 없
었다.

16. 비타민E와 사망률에 대한 메타 연구

Miller 3rd ER, Pastor-Barriuso R, Dalal D, Riemersma RA, et al. Meta-
analysis: high-dosage vitamin E supplementation may increase all-cause
mortality. Ann Intern Med. 2005 Jan 4;142(1):37-46.

13만 5000명의 성인에게 400단위 이상의 고농도 비타민E는
총 사망률을 높였다.

17. 비타민E와 모든 원인의 사망률에 대한 메타분석

Abner EL, Schmitt FA, Mendiondo MS, Marcum JL, et al. Vitamin E and
all-cause mortality: a meta-analysis. Curr Aging Sci. 2011 Jul;4(2):158-70.

24만 6371명의 대상에서 1~10년 동안 비타민E 복용량과 사
망률의 관련성은 없었다.

18. 암과 심혈관질환 예방을 위한 비타민과 미네랄 보충제 사용에 대한 미국
예방서비스 태스크포스의 권고안

US Preventive Services Task Force. Vitamin, Mineral, and Multivitamin
Supplementation to Prevent Cardiovascular Disease and Cancer: US

Preventive Services Task Force Recommendation Statement. JAMA. 2022 Jun 21;327(23):2326-2333.

최근까지 보고된 84개의 연구를 고찰했을 때 심혈관질환과 암 예방을 위한 베타카로틴과 비타민E 보충제 사용은 권고하지 않는다. 그 외 비타민D와 칼슘, 비타민C, 비타민B12와 엽산, 비타민B3와 비타민B6, 셀레늄 등의 단일제제 또는 복합제제 는 결론을 얻을 만한 증거가 불충분하다.

주

들어가며

1   통계청.《생명표, 국가승인통계 제101035호》. https://www.index.go.kr/unity/
     potal/main/EachDtlPageDetail.do?idx_cd=2758.
2   이윤경 외.《2020년도 노인실태조사》. 보건복지부·한국보건사회연구원. 2021.
3   Troen BR. The biology of aging. Mt Sinai J Med. 2003;70(1):3-22.
4   이윤경 외. 앞의 글.
5   Troen BR. 앞의 글.
6   Roush W. Live long and prosper? Science. 1996;273(5271):42-46.
7   Troen BR. 앞의 글.

1장

1   Lorenzini A, Monti D, Santoro A. Editorial: Adipose tissue: which role in
     aging and longevity? Front Endocrinol (Lausanne) 2020 Aug 25;11:583.

2   Liao Q, Zheng Z, Xiu S, Chan P. Waist circumference is a better predictor of risk for frailty than BMI in the community-dwelling elderly in Beijing. Aging Clinical and Experimental Research. 2018 Nov;30(11):1319-1325.

3   López-Otín C, Blasco MA, Partridge L, Serrano M, Kroemer G. The hallmarks of aging. Cell. 2013 Jun 6;153(6):1194-1217.

4   López-Otín C, Blasco MA, Partridge L, Serrano M, Kroemer G. 앞의 글.

5   Yu M, Hazelton WD, Luebeck GE, Grady WM. Epigenetic aging: more than just a clock when it comes to cancer. Cancer Res. 2020 Feb 1;80(3):367-374.

6   Klemera P, Doubal S. A new approach to the concept and computation of biological age. Mech Ageing Dev. 2006 Mar;127(3):240-248.

7   Li Q, Wang S, Milot E, et al. Homeostatic dysregulation proceeds in parallel in multiple physiological systems. Aging Cell. 2015 Dec;14(6):1103-1112.

8   Bae CY, Kang YG, Kim S, Cho C, et al. Development of models for predicting biological age (BA) with physical, biochemical, and hormonal parameters. Arch Gerontol Geriatr. 2008 Sep-Oct;47(2):253-265.

2장

1   Kirkwood TB, Austad SN. Why do we age? Nature. 2000 Nov 9;408(6809): 233-238.

2   Vijg J, Campisi J. Puzzles, promises and a cure for ageing. Nature. 2008 Aug 28;454(7208):1065-1071.

3   Kirkwood TB. Evolution of ageing. Mech Ageing Dev. 2002 Apr;123(7):737-745.

4   Blagosklonny MV. TOR-driven aging: speeding car without brakes. Cell Cycle. 2009 Dec 15;8(24):4055-4059.

5   Olson CB. A review of why and how we age: a defense of multifactorial aging. Mech Ageing. 1987 Nov;41(1-2):1-28.

6   Hernandez-Segura A, Nehme J, Demaria M, Hallmarks of cellular senescence. Trends Cell Biol. 2018 Jun;28(6):436-453.

7   Gurău F, Baldoni S, Prattichizzo F, Espinosa E, et al. Anti-senescence compounds: A potential nutraceutical approach to healthy aging. Ageing Res Rev 2018 Sep;46:14-31.

8   Baker DJ, Wijshake T, Tchkonia T, LeBrasseur NK, et al. Clearance of p16Ink4a-positive senescent cells delays ageing-associated disorders. Nature. 2011 Nov 2;479(7372):232-236.

3장

1   Ventevogel MS, Sempowski GD. Thymic Rejuvenation and Aging. Curr Opin Immunol. 2013 August;25(4):516-522.
2   통계청.《2022 고령자 통계》.
3   Witkowski JM, Fulop T, Bryl E. Immunosenescence and COVID-19. Mech Ageing Dev. 2022 Jun;204:111672.
4   Rea IM, Gibson DS, McGilligan V, McNerlan SE, Alexander HD, Ross OA. Age and age-related diseases: role of inflammation triggers and cytokines. Front Immunol. 2018 Apr 9;9:586.
5   Ratsimandresy RA, Rappaport J, Zagury JF. Anti-cytokine therapeutics: history and update. Curr Pharm Des. 2009;15(17):1998-2025.
6   대한임상노인의학회.〈노화와 만성염증〉,《노인의학》(개정2판). 닥터스북. 2018.
7   Franceschi C , Bonafè, M Valensin S, Olivieri F et al. Inflamm-aging. An evolutionary perspective on immunosenescence. Ann N Y Acad Sci . 2000 ;908:244-54.
8   대한임상노인의학회. 앞의 글. 57쪽.
9   Franceschi C. Inflammaging as a major characteristic of old people: can it be prevented or cured? Nutr Rev. 2007 Dec;65(12 Pt 2):S173-176.
10   Franceschi C. 앞의 글.
11   Montecino-Rodriguez E, Berent-Maoz B, Dorshkind K. Causes, consequences, and reversal of immune system aging. J Clin Invest. 2013;123(3):958-65.
12   Ventevogel MS, Sempowski GD. 앞의 글.

4장

1   Hayflick, L, Moorhead, PS. The serial cultivation of human diploid cell

2 Hayashi MT. Telomere biology in aging and cancer: early history and perspectives. Genes Genet. Syst. 2018 Jan 20;92(3):107-118.

3 Ivancich M, Schrank Z, Wojdyla L, Leviskas B. Treating cancer by targeting telomeres and telomerase. Antioxidants (Basel). 2017 Feb 19;6(1):15.

4 Thilagavathi J, Venkatesh S, Dada R.Telomere length in reproduction. Andrologia. 2013 Oct;45(5):289-304.

5 Ivancich M, Schrank Z, Wojdyla L, Leviskas B. 앞의 글.

6 Cawthon RM, Smith KR, O'Brien E, et al. Association between telomere length in blood and mortality in people aged 60 years or older. Lancet. 2003 Feb 1;361(9355):393-395.

7 Goglin SE, Farzaneh-Far R, Epel ES, Lin J, Blackburn EH, Whooley MA. Change in leukocyte telomere length predicts mortality in patients with stable coronary heart disease from the heart and soul study. PLoS One. 2016 Oct 26;11(10):e0160748.

8 Turner KJ, Vasu V, Griffin DK. Telomere biology and human phenotype. Cells. 2019 Jan 19;8(1):73.

9 Brouilette SW, Moore JS, McMahon AD, Thompson JR, et al. Telomere length, risk of coronary heart disease, and statin treatment in the West of Scotland Primary Prevention Study: a nested case-control study. Lancet. 2007 Jan 13;369(9556):107-114.

10 Willeit P, Willeit J, Brandstätter A, Ehrlenbach S, et al. Cellular aging reflected by leukocyte telomere length predicts advanced atherosclerosis and cardiovascular disease risk. Arterioscler Thromb Vasc Biol. 2010 Aug;30(8):1649-1656.

11 Chakravarti D, LaBella KA, DePinho RA. Telomeres: history, health, and hallmarks of aging. Cell. 2021 Jan 21;184(2):306-322.

12 Broer L, Codd V, Nyholt DR, Deelen J et al, Meta-analysis of telomere length in 19,713 subjects reveals high heritability, stronger maternal inheritance and a paternal age effect. Eur J Hum Genet. 2013 Oct;21(10):1163-8.

13 Blackburn EH, Epel ES, Lin J. Human telomere biology: a contributory and interactive factor in aging, disease risks, and protection. Science. 2015 Dec 4;350(6265):1193-1198.

14 같은 글.

15 Diez Roux AV, Ranjit N, Jenny NS, Shea S, et al. Race/ethnicity and telomere length in the Multi-Ethnic Study of Atherosclerosis. Aging Cell. 2009 Jun;8(3):251-257.

16 Broer L, Codd V, Nyholt DR, Deelen J, et al. Meta-analysis of telomere length in 19,713 subjects reveals high heritability, stronger maternal inheritance and a paternal age effect. Eur J Hum Genet. 2013 Oct;21(10):1163-1168.

17 Ornish D, Lin J, Chan JM, Epel E, et al. Effect of comprehensive lifestyle changes on telomerase activity and telomere length in men with biopsy-proven low-risk prostate cancer: 5-year follow-up of a descriptive pilot study. Lancet Oncol. 2013 Oct;14(11):1112-1120.

18 Schellnegger M, Lin AC, Hammer N, Kamolz LP. Physical activity on telomere length as a biomarker for aging: a systematic review. Sports Med Open. 2022 Sep 4;8(1):111.

19 Carulli L, Anzivino C, Baldelli E, Zenobii MF, et al. Telomere length elongation afterweight loss intervention in obese adults. Mol Genet Metab. 2016 Jun;118(2):138-142.

20 Valdes AM, Andrew T, Gardner JP, Kimura M, Oelsner E, Cherkas LF, Aviv A, Spector TD. Obesity, cigarette smoking, and telomere length in women. Lancet. 2005 Aug 20-26;366(9486):662-664.

21 Pavanello S, Hoxha M, Dioni L, et al. Shortened telomeres in individuals with abuse in alcohol consumption. Int J Cancer. 2011 Aug 15;129(4):983-92.

22 Blackburn EH, Epel ES, Lin J. 앞의 글.

23 Wolkowitz OM, Mellon SH, Epel ES, et al. Leukocyte telomere length in major depression: correlations with chronicity, inflammation and oxidative stress—preliminary findings. PLoS One. 2011 Mar 23;6(3):e17837.

24 Paul L. Diet, nutrition and telomere length. J Nutr Biochem. 2011 Oct;22(10):895-901.

25 Ornish D, Lin J, Daubenmier J, Weidner G, et al. Increased telomerase activity and comprehensive lifestyle changes: a pilot study. Lancet Oncol. 2008 Nov;9(11):1048-1057.

26 Canudas S, Becerra-Tomás N, Hernández-Alonso P, Galié S, et al. Mediterranean diet and telomere length: a systematic review and meta-

analysis. Adv Nutr. 2020 Nov 16;11(6):1544-1554.

27 Lai TP, Wright WE, Shay JW. Comparison of telomere length measurement methods. Philos Trans R Soc Lond B Biol Sci 2018 Mar 5;373(1741):20160451.

28 Turner KJ, Vasu V, Griffin DK. 앞의 글.

29 Chakravarti D, LaBella KA, DePinho RA. 앞의 글.

30 Yu Y, Zhou L, Yang Y, Liu Y. Cycloastragenol: an exciting novel candidate for age-associated diseases. Exp Ther Med. 2018 Sep;16(3):2175-2182.

31 Salvador L, Singaravelu G, Harley CB, et al. A Natural Product Telomerase Activator Lengthens Telomeres in Humans: A Randomized, Double Blind, and Placebo Controlled Study Rejuvenation Res . 2016 Dec;19(6):478-484.

32 Fernandez ML, Thomas MS, Lemos BS, DiMarco DM, et al. TA-65, A Telomerase Activator improves Cardiovascular Markers in Patients with Metabolic Syndrome. Curr Pharm Des 2018;24(17):1905-1911.

5장

1 Lamberts SW, van den Beld AW, van der Lely AJ. The endocrinology of aging. Science. 1997 Oct 17;278(5337):419-424.

2 Writing Group for the Women's Health Initiative Investigators. Risks and benefits of estrogen plus progestin in healthy postmenopausal women: principal results From the Women's Health Initiative randomized controlled trial. JAMA. 2002 Jul 17;288(3):321-333.

3 Iranmanesh A, Lizarralde G, Veldhuis JD. Age and relative obesity are specific negative determinants of frequency and amplitude of growth hormone (GH) secretary bursts and the half-life of endogeneous GH in healthy men. J Clin Endocrinol Metab. 1991 Nov;73(5):1081-1088.

4 Savine R, Sönksen PH. Is the somatopause an indication for growth hormone replacement? J Endocrinol Invest. 1999;22(5 Suppl):142-149.

5 Rudman D, Feller AG, Nagraj HS, Gergans GA, Lalitha PY, Goldberg AF, Schlenker RA, Cohn L, Rudman IW, Mattson DE. Effects of human growth hormone in men over 60 years old. N Engl J Med. 1990 Jul 5;323(1):1-6.

6 Blackman MR, Sorkin JD, Münzer T, Bellantoni MF, et al. Growth hormone

and sex steroid administration in healthy aged women and men: a randomized controlled trial. JAMA. 2002 Nov 13;288(18):2282-2292.

7   같은 글.

8   Legrain S, Girard L. Pharmacology and therapeutic effects of dehydroepian drostenrone in older subjects. Drugs Aging. 2003;20(13):949-967.

9   Ohlsson C, Vandenput L, Tivesten A. DHEA and mortality: what is the nature of the association? J Steroid Biochem Mol Biol. 2015 Jan;145:248-253.

10 Roth GS, Lane MA, Ingram DK, Mattison JA, et al. Biomarkers of caloric restriction may predict longevity in humans. Science. 2002 Aug 2;297(5582):811.

11 Tivesten Å, Vandenput L, Carlzon D, Nilsson M, Karlsson MK, et al. Dehydroepiandrosterone and its sulfate predict the 5-year risk of coronary heart disease events in elderly men. J Am Coll Cardiol. 2014 Oct 28;64(17):1801-1810.

12 Barrett-Connor E, Khaw KT, Yen SS. A prospective study of dehydroepian drosterone sulfate, motality and cardiovascular disease. N Engl J Med. 1986 Dec 11;315(24):1519-1524.

13 Khorram O, Vu L, Yen SS. Activation of immune function by dehydroepian drosterone(DHEA) in age-advanced men. J Gerontol A Biol Sci Med Sci. 1997 Jan;52(1):M1-7.

14 Villareal DT, Holloszy JO. Effect of DHEA on abdominal fat and insulin action in elderly women and men: a randomized controlledtrial. JAMA 2004;292(18):2243-2248.

15 Rutkowski K, Sowa P, Rutkowska-Talipska J, Kuryliszyn-Moskal A, Rutkowski R. Dehydroepiandrosterone (DHEA): hypes and hopes. Drugs. 2014 Jul;74(11):1195-1207.

16 Wierman ME, Kiseljak-Vassiliades K. Should dehydroepiandrosterone be administered to women? J Clin Endocrinol Metab. 2022 May 17;107(6):1679-1685.

17 Mukama T, Johnson T, Katzke V, Kaaks R. Dehydroepiandrosterone sulfate and mortality in middle-aged and older men and women-a J-shaped relationship. J Clin Endocrinol Metab. 2023 May 17;108(6):e313-e325.

18 Rabijewski M, Papierska L, Binkowska M, Maksym R, et al. Supplementation

of dehydroepiandrosterone (DHEA) in pre- and postmenopausal women - position statement of expert panel of Polish Menopause and Andropause Society. Ginekol Pol. 2020;91(9):554-562.

19 Reiter RJ, Mayo JC, Tan D, Sainz RM, et al. Melatonin as an antioxidant: under promises but over delivers. J Pineal Res. 2016 Oct;61(3):253-278.

20 M Karasek. Melatonin, human aging, and age-related diseases. Exp Gerontol. 2004 Nov-Dec;39(11-12):1723-1729.

21 Pandi-Perumal SR, Srinivasan V, Maestroni GJ, Cardinali DP, et al. Melatonin: nature's most versatile biological signal? FEBS J. 2006 Jul;273(13):2813-2838.

22 Cipolla-Neto J, Amaral FGD. Melatonin as a hormone: new physiological and clinical insight. Endocr Rev. 2018 Dec 1;39(6):990-1028.

23 Videnovic A, Lazar AS, Barker R, Overeem S. 'The clocks that time us'— circadian rhythms in neurodegenerative disorders. Nat Rev Neurol. 2014 Dec;10(12):683-693.

24 Pietroiust A, Neri A, Somma G, Coppeta L, et al. Incidence of metabolic syndrome among night-shift healthcare workers. Occup Environ Med. 2010 Jan;67(1):54-57.

25 Foster RG, Wulff K. The rhythm of rest and excess. Nat Rev Neurosci. 2005 May;6(5):407-414.

26 Reiter RJ, Mayo JC, Tan D, Sainz RM, et al. 앞의 글.

27 Manchester LC, Coto-Montes A, Boga JA, et al. Melatonin: an ancient molecule that makes oxygen metabolically tolerable. J Pineal Res. 2015 Nov;59(4):403-419.

28 Reiter RJ, Mayo JC, Tan D, Sainz RM, et al. 앞의 글.

29 Hardeland R. Melatonin and its metabolites as anti-nitrosating and anti-nitrating agents. J Exp Integr Med. 2011;1(2):67-81.

30 Reiter RJ, Mayo JC, Tan D, Sainz RM, et al. 앞의 글.

31 Hardeland R. 앞의 글.

32 Reiter RJ, Rosales-Corral S, Tan DX, Jou MJ, et al. Melatonin as a mitochondria-targeted antioxidant: one of evolution' best ideas. Cell Mol Life Sci. 2017 Nov;74(21):3863-3881.

33 Hardeland R. Melatonin and inflammation-Story of a double-edged blade. J Pineal Res. 2018 Nov;65(4):e12525.

34   같은 글.

35   Lin GJ, Huang SH, Chen SJ, Wang CH, et al. Modulation by melatonin of the pathogenesis of inflammatory autoimmune diseases. Int J Mol Sci. 2013 May 31;14(6):11742-11766.

36   Minich DM, Henning M, Darley C et al. Is Melatonin the "Next Vitamin D"?: A Review of Emerging Science, Clinical Uses, Safety, and Dietary Supplements. Nutrients 2022; 14: 3934.

37   같은 글.

38   Lin GJ, Huang SH, Chen SJ, Wang CH, et al. 앞의 글.

39   Besag FMC, Vasey MJ, Lao KSJ, Wong ICK. Adverse events associated with melatonin for the treatment of primary or secondary sleep disorders: a systematic review. CNS Drugs. 2019 Dec;33(12):1167-1186.

6장

1   Binger CA, Faulkner JM, Moore RL. Oxygen poisoning in mammals. J Exp Med. 1927 Apr 30;45(5):849-864.

2   Silverman WA. The lesson of retrolental fibroplasia. .Sci Am. 1977 Jun;236(6):100-107.

3   Gerschman R, Gilbert DL, Nye SW, Dwyer P, Fenn WO. Oxygen poisoning and x-irradiation: a mechanism in common. Science. 1954 May 7;119(3097):623-626.

4   Harman D. Aging: a theory based on free radical and radiation chemistry. J Gerontol. 1956 Jul;11(3):298-300.

5   McCord JM, Fridovich I. Superoxide dismutase. An enzymic function for erythrocuprein (hemocuprein). J Biol Chem. 1969 Nov 25;244(22):6049-6055.

6   Lapointe J, Hekimi S. When a theory of aging ages badly. Cell Mol Life Sci. 2010 Jan;67(1):1-8.

7   Bardaweel SK, Gul M, Alzweiri M, Ishaqat A, ALSalamat HA, Bashatwah RM. Reactive oxygen species: the dual role in physiological and pathological conditions of the human body. Eurasian J Med. 2018 Oct;50(3):193-201.

8   Rhee SG. Cell signaling. H_2O_2, a necessary evil for cell signaling. Science.

2006 Jun 30;312(5782):1882-1883.

9 Sohal RS, Orr WC. The redox stress hypothesis of aging. Free Radic Biol Med. 2012 Feb 1;52(3):539-555.

10 Turrens JF. Superoxide production by the mitochondrial respiratory chain. Biosci Rep. 1997 Feb;17(1):3-8.

11 Manchester LC, Coto-Montes A, Boga JA, et al. Melatonin: an ancient molecule that makes oxygen metabolically tolerable. J. Pineal Res. 2015 Nov;59(4):403-419.

12 Knight JA. Free radicals: their history and current status in aging and disease. Ann Clin Lab Sci. 1998 Nov-Dec;28(6):331-346.

13 Willcox JK, Ash SL, Catignani GL. Antioxidants and prevention of chronic disease. Crit Rev Food Sci Nutr. 2004;44(4):275-295.

14 Harmman D. Origin and evolution of the free radical theory of aging: a brief personal history, 1954-2009. Biogerontology. 2009 Dec;10(6):773-781.

15 Howes RM. The free radical fantasy: a panoply of paradoxes. Ann N Y Acad Sci. 2006 May;1067:22-26.

16 Sohal R, Allen RG. Oxidative stress as a causal factor in differentiation and aging: a unifying hypothesis. Exp Gerontol 1990;25(6):499-522.

17 Lapointe J, Hekimi S. 앞의 글.

18 Sohal R, Allen RG. 앞의 글.

19 Howes RM. 앞의 글.

20 Blagosklonny MV. An anti-aging drug today: from senescence-promoting genes to anti-aging pill. Drug Discov Today. 2007 Mar;12(5-6):218-224.

21 Sohal R, Allen RG. 앞의 글.

22 Sohal RS, Orr WC. 앞의 글.

23 Mitchell T, Darley-Usmar V. Metabolic syndrome and mitochondrial dysfunction: insights from preclinical studies with a mitochondrially targeted antioxidant. Free Radic Biol Med. 2012 Mar 1;52(5):838-840.

24 Smith RA, Murphy MP. Animal and human studies with the mitochondria-targeted antioxidant MitoQ. Ann N Y Acad Sci. 2010 Jul;1201:96-103.

25 Blagosklonny MV. TOR-driven aging: speeding car without brakes. Cell Cycle. 2009 Dec 15;8(24):4055-4059.

26 Arriola Apelo SI, Lamming DW. Rapamycin: an inhibitor of aging emerges from the soil of Easter Island. J Gerontol A Biol Sci Med Sci. 2016

Jul;71(7):841-849.

27 Gough DR, Cotter TG. Hydrogen peroxide: a Jekyll and Hyde signalling molecule. Cell Death Dis. 2011 Oct 6;2(10):e213.

28 Ray PD, Huang BW, Tsuji Y. Reactive oxygen species (ROS) homeostasis and redox regulation in cellular signaling Cell Signal. 2012 May;24(5):981-990.

29 질병관리청. 《2020 국민건강통계》. 2022.

30 Cowan AE, Jun S, Gahche JJ, Tooze JA et al. Dietary supplement use differs by socioeconomic and health-related characteristics among US adults, NHANES 2011-2014. Nutrients. 2018;10(8):1114.

31 Bouayed J, Bohn T. Exogenous antioxidants—Double-edged swords in cellular redox state: health beneficial effects at physiologic doses versus deleterious effects at high doses. Oxid Med Cell Longev. 2010 Jul-Aug;3(4):228-237.

32 Ray PD, Huang BW, Tsuji Y. Reactive oxygen species (ROS) homeostasis and redox regulation in cellular signaling Cell Signal. 2012 May;24(5):981-990.

33 US Preventive Services Task Force. Vitamin, mineral, and multivitamin supplementation to prevent cardiovascular disease and cancer: US Preventive Services Task Force recommendation statement. JAMA 2022 Jun 21;327(23):2326-2333.

7장

1 Loeb LA, Wallace DC, Martin GM. The mitochondrial theory of aging and its relationship to reactive oxygen species damage and somatic mtDNA mutations. Proc Natl Acad Sci U S A. 2005 Dec 27;102(52):18769-18770.

2 Manchester LC, Coto-Montes A, Boga JA, et al. Melatonin: an ancient molecule that makes oxygen metabolically tolerable. J. Pineal Res. 2015 Nov;59(4):403-419.

3 Advance in mitochondrial medicine ISSN 0065-2598 ISBN 978-94-007-2868-4 e-ISBN 978-94-007-2869-1 DOI 10.1007/978-94-007-2869-1 1212 Springer Dordrecht Heidelberg London New York 2012.

4 Nunnari J, Suomalainen A. Mitochondria: in sickness and in health. Cell. 2012 Mar 16;148(6):1145-1159.

5   Madamanchi NR, Runge MS. Mitochondrial dysfunction in atherosclerosis. Circ Res. 2007 Mar 2;100(4):460-473.

6   Kluge MA, Fetterman JL, Vita JA. Mitochondria and endothelial function. Circ Res. 2013 Apr 12;112(8):1171-1188.

7   Trifunovic A, Wredenberg A, Falkenberg M, Spelbrink JN, Rovio AT, Bruder CE, et al. Premature ageing in mice expressing defective mitochondrial DNA polymerase. Nature. 2004 May 27;429(6990):417-423.

8   Kujoth GC, Hiona A, Pugh TD, Someya S, Panzer K, Wohlgemuth SE, Hofer T, et al. Mitochondrial DNA mutations, oxidative stress, and apoptosis in mammalian aging. Science. 2005 Jul 15;309(5733):481-484.

9   Short KR, Bigelow ML, Kahl J, Singh R, Coenen-Schimke J, Raghavakaimal S, Nair KS. Decline in skeletal muscle mitochondrial function with aging in humans. Proc Natl Acad Sci U S A. 2005 Apr 12;102(15):5618-5623.

10 Lowell BB, Shulman GI. Mitochondrial dysfunction and type 2 diabetes. Science. 2005 Jan 21;307(5708):384-387.

11 Petersen KF, Befroy D, Dufour S, Dziura J, Ariyan C, Rothman DL, et al. Mitochondrial dysfunction in the elderly: possible role in insulin resistance. Science. 2003 May 16;300(5622):1140-1142.

12 Petersen KF, Befroy D, Dufour S, Dziura J, Ariyan C, Rothman DL ,et al. 앞의 글.

13 Madamanchi NR, Runge MS. 앞의 글.

14 Koch JE, Ji H, Osbakken MD, Friedman MI. Temporal relationships between eating behavior and liver adenine nucleotides in rats treated with 2,5-AM. Am J Physiol. 1998 Mar;274(3):R610-617.

15 Wisløff U, Najjar SM, Ellingsen O, Haram PM, et al. Cardiovascular risk factors emerge after artificial selection for low aerobic capacity. Science. 2005 Jan 21;307(5708):418-420.

16 Green HJ. Mechanisms of muscle fatigue in intense exercise. J Sports Sci. 1997 Jun;15(3):247-256.

17 Nisoli E, Clementi E, Carruba MO, Moncada S. Defective mitochondrial biogenesis: a hallmark of the high cardiovascular risk in the metabolic syndrome? Circ Res. 2007 Mar 30;100(6):795-806.

18 Smith RA, Murphy MP. Animal and human studies with the mitochondria-targeted antioxidant MitoQ. Ann N Y Acad Sci. 2010 Jul;1201:96-103.

19 이덕철. 《노화 관련 질환의 예방과 치료에서 코엔자임 큐텐의 효과》. 〈가정의학
    회지〉. 2007;28(3):S199-205.

20 Kujoth GC, Hiona A, Pugh TD, Someya S, Panzer K, Wohlgemuth SE, Hofer T,
    et al. 앞의 글.

8장

1   Fontana L, Partridge L, Longo VD. Dietary restriction, growth factors and
    aging: from yeast to humans. Science. 2010 Apr 16;328(5976):321-326.

2   Dehmelt H. Re-adaptation hypothesis: explaining health benefit of caloric
    restriction. Med Hypothesis. 2004;62:620-624.

3   Speakman JR, Mitchell SE. Caloric restriction. Mol Aspects Med. 2011
    Jun;32(3):159-221.

4   Osborne TB, Mendel LB, Ferry EL. The effect of retardation of growth
    upon the breeding period and duration of life of rats. Science. 1917 Mar
    23;45(1160):294-295.

5   McCay CM, Crowell MF, Maynard LA. The Effect of Retarded Growth Upon
    the Length of Life Span and Upon the Ultimate Body Size: One Figure. The
    Journal of Nutrition. 1935;10: 63-79.

6   Fontana L, Partridge L, Longo VD. 앞의 글.

7   Lin SJ, Defossez PA, Guarente L. Requirement of NAD and SIR2 for life-
    span extension by calorie restriction in Saccharomyces cerevisiae. Science.
    2000 Sep 22;289(5487):2126-2128.

8   Fontana L, Nehme J, Demaria M. Caloric restriction and cellular
    senescence. Mech Ageing Dev. 2018 Dec;176:19-23.

9   Gavrilov LA, Gavrilova NS. Evolutionary theories of aging and longevity.
    ScientificWorldJournal. 2002 Feb 7;2:339-356.

10 Colman RJ, Anderson RM, Johnson SC, Kastman EK, et al. Caloric
    restriction delays disease onset and mortality in rhesus monkeys. Science.
    2009 Jul 10;325(5937):201-204.

11 Mattison JA, Roth GS, Beasley TM, Tilmont EM, et al. Impact of caloric
    restriction on health and survival in rhesus monkeys from the NIA study.
    Nature. 2012 Sep 13;489(7415):318-321.

12   Heilbronn LK, de Jonge L, Frisard MI, DeLany JP, et al. Effect of 6-month calorie restriction on biomarkers of longevity, metabolic adaptation, and oxidative stress in overweight individuals: a randomized controlled trial. JAMA 2006 Apr 5;295(13):1539-1548.

13   Kraus WE, Bhapkar M, Huffman KM, Pieper CF, et al. 2 years of calorie restriction and cardiometabolic risk (CALERIE): exploratory outcomes of a multicentre, phase 2, randomised controlled trial. Lancet Diabetes Endocrinol. 2019 Sep;7(9):673-683.

14   Martel J, Chang SH, Wu CY, Peng HH, et al. Recent advances in the field of caloric restriction mimetics and anti-aging molecules. Ageing Res Rev. 2021;66:101240.

15   Speakman JR, Mitchell SE. 앞의 글.

16   Mattison JA, Colman RJ, Beasley TM, Allison DB, et al. Caloric restriction improves health and survival of rhesus monkeys. Nat Commun 2017 Jan 17;8:14063.

17   Lane AA, Mattison J, Ingram JD, Roth GS. Caloric restriction and aging in primates: relevance to humans and possible CR mimetics. Microsc Res Tech. 2002 Nov 15;59(4):335-338.

18   Roth GS, Lane MA, Ingram DK, Mattison JA, et al. Biomarkers of caloric restriction may predict longevity in humans. Science. 2002 Aug 2;297(5582):811.

19   Colman RJ, Anderson RM, Johnson SC, Kastman EK, et al. 앞의 글.

20   Mattison JA, Roth GS, Beasley TM, Tilmont EM, et al. 앞의 글.

21   Mattison JA, Colman RJ, Beasley TM, Allison DB, et al. 앞의 글.

22   Sohal RS, Forster MJ. Caloric restriction and the aging process: a critique. Free Radic Biol Med. 2014 Aug;73:366-382.

23   Kagawa Y. Impact of westernization on the nutrition of Japanese: changes in physique, cancer, longevity and centenarians. Prev Med. 1978 Jun;7(2):205-217.

24   Walford RL, Harris SB, Gunion MW. The calorically restricted low-fat nutrient-dense diet in Biosphere 2 significantly lowers blood glucose, total leukocyte count, cholesterol, and blood pressure in humans. Proc Natl Acad Sci U S A. 1992 Dec 1;89(23):11533-11537.

25   Dorling JL, van Vliet S, Huffman KM, Kraus WE, et al. Effects of caloric

restriction on human physiological, psychological, and behavioral outcomes: highlights from CALERIE phase 2. Nutr Rev. 2021 Jan 1;79(1):98-113.

26 Heilbronn LK, de Jonge L, Frisard MI, DeLany JP, et al. 앞의 글.

27 Kraus WE, Bhapkar M, Huffman KM, Pieper CF, et al. 앞의 글.

28 Masoro EJ. Overview of caloric restriction and ageing. Mech Ageing Dev. 2005 Sep;126(9):913-922.

29 Lints FA. The rate of living theory revisited. Gerontology. 1989;35(1):36-57.

30 Blüher M, Kahn BB, Kahn CR. Extended longevity in mice lacking the insulin receptor in adipose tissue. Science. 2003 Jan 24;299(5606):572-574.

31 Sinclair DA. Toward a unified theory of caloric restriction and longevity regulation. Mech Ageing Dev. 2005 Sep;126(9):987-1002.

32 Haigis MC, Guarente LP. Mammalian sirtuins--emerging roles in physiology, aging, and calorie restriction. Genes Dev. 2006 Nov 1;20(21):2913-2921.

33 Baur JA. Resveratrol, sirtuins, and the promise of a DR mimetic. Mech Ageing Dev. 2010 Apr;131(4):261-269.

34 Franceschi C, Ostan R, Santoro A. Nutrition and inflammation: are centenarians similar to individuals on calorie-restricted diets? Annu Rev Nutr. 2018 Aug 21;38:329-356.

35 Baur JA, Pearson KJ, Price NL, Jamieson HA, et al. Resveratrol improves health and survival of mice on a high-calorie diet. Nature. 2006 Nov 16;444(7117):337-42.

36 Lamming DW, Wood JG, Sinclair DA. Small molecules that regulate lifespan: evidence for xenohormesis. Mol Microbiol. 2004 Aug;53(4):1003-9.

37 Sohal RS, Forster MJ. 앞의 글.

38 Kraus WE, Bhapkar M, Huffman KM, Pieper CF, et al. 앞의 글.

39 Lorenzini A. How much should we weigh for a long and healthy life span?The need to reconcile caloric restriction versus longevity with body mass index versus mortality data. Front Endocrinol (Lausanne). 2014 Jul 30;5:121.

40 같은 글.

41 같은 글.

42 Franceschi C, Ostan R, Santoro A. 앞의 글.

43 Sutton EF, Beyl R, Ealry KS, Cefalu WT, et al. Early Time-Restricted Feeding Improves Insulin Sensitivity, Blood Pressure, and Oxidative Stress Even without Weight Loss in Men with Prediabetes. Cell Metab. 2018 Jun 5;27(6):1212-1221.

44 같은 글.

9장

1 Manchester LC, Coto-Montes A, Boga JA, et al. Melatonin: an ancient molecule that makes oxygen metabolically tolerable. J Pineal Res. 2015 Nov;59(4):403-419.

2 Videnovic A, Lazar AS, Barker R, Overeem S. 'The clocks that time us'— circadian rhythms in neurodegenerative disorders. Nat Rev Neurol. 2014 Dec;10(12):683-693.

3 Foster RG, Wulff K. The rhythm of rest and excess. Nat Rev Neurosci. 2005 May;6(5):407-414.

4 De Bacquer D, Van Risseghem M, Clays E, Kittel F, De Backer G, Braeckman L. Rotating shift work and the metabolic syndrome: a prospective study. Int J Epidemiol. 2009 Jun;38(3):848-854.

5 Sahar S, Sassone-Corsi P. Regulation of metabolism: the circadian clock dictates the time. Trends Endocrinol Metab. 2012 Jan;23(1):1-8.

6 Cardinail DP. Melatonin and healthy aging. Vitam Horm. 2021;115:67-88.

7 Bjorvatn B, Pallesen S. A practical approach to circadian rhythm sleep disorders. Sleep Med Rev. 2009 Feb;13(1):47-60.

8 Burgess HJ, Revell VL, Molina TA, Eastman CI. Human phase response curves to three days of daily melatonin: 0.5 mg versus 3.0 mg. J Clin Endocrinol Metab. 2010 Jul;95(7):3325-3331.

9 Sutton EF, Beyl R, Ealry KS, Cefalu WT, et al. Early Time-Restricted Feeding Improves Insulin Sensitivity, Blood Pressure, and Oxidative Stress Even without Weight Loss in Men with Prediabetes. Cell Metab. 2018 Jun 5;27(6):1212-1221.

10 Minich DM, Henning M, Darley C, Fahoum M, Schuler CB, Frame J. Is

Melatonin the "Next Vitamin D"?: A Review of Emerging Science, Clinical Uses, Safety, and Dietary Supplements. Nutrients. 2022 Sep 22;14(19):3934.

11   Seo YB, Oh YH, Yang YJ. Current Status of Physical Activity in South Korea. Korean J Fam Med. 2022 Jul;43(4):209-219.

12   Scheffer DDL, Latini A. Exercise-induced immune system response: Anti-inflammatory status on peripheral and central organs. Biochim Biophys Acta Mol Basis Dis. 2020 Oct 1;1866(10):165823.

13   같은 글.

14   Manson JE, Hu FB, Rich-Edwards JW, et al. A prospective study of walking as compared with vigorous exercise in the prevention of heart disease in women. Engl J Med. 1999 Aug 26;341(9):650-658.

15   Williams PT, Thompson PD. Walking versus running for hypertension, cholesterol, and diabetes mellitus risk reduction. Arterioscler Thromb Vasc Biol. 2013 May;33(5):1085-91.

16   Hamer M, Chida Y. Walking and primary prevention: a meta-analysis of prospective cohort studies. J Sports Med. 2008 Apr;42(4):238-243.

17   Jefferis BJ, Whincup PH, Papacosta O, Wannamethee SG. Protective effect of time spent walking on risk of stroke in older men. Stroke. 2014 Jan;45(1):194-199.

18   Hamer M, Chida Y. 앞의 글.

19   Omura JD, Ussery EN, Loustalot F, Fulton JE, Carlson SA. Walking as an opportunity for cardiovascular disease prevention. Prev Chronic Dis. 2019 May 30;16:E66.

20   Boyd B, Solh T. Takotsubo cardiomyopathy: review of broken heart syndrome. JAAPA. 2020 Mar;33(3):24-29.

21   Toker S, Melamed S, Berliner S, Zeltser D, Shapira I. Burnout and risk of coronary heart disease: a prospective study of 8838 employees. Psychosom Med. 2012 Oct;74(8):840-847.

22   Salvagioni DAJ, Melanda FN, Mesas AE, González AD, et al. Physical, psychological and occupational consequences of job burnout: A systematic review of prospective studies. PLoS One. 2017 Oct 4;12(10):e0185781.

1   https://en.wikipedia.org/wiki/Luigi_Cornaro(검색일: 2023. 7. 14).

2   Speakman JR, Mitchell SE. Caloric restriction. Mol Aspects Med. 2011 Jun;32(3):159-221.

3   Kraus WE, Bhapkar M, Huffman KM, Pieper CF, et al. 2 years of calorie restriction and cardiometabolic risk (CALERIE): exploratory outcomes of a multicentre, phase 2, randomised controlled trial. Lancet Diabetes Endocrinol. 2019 Sep;7(9):673-683.

4   Baik JH. Dopaminergic Control of the Feeding Circuit. Endocrinol Metab (Seoul). 2021 Apr;36(2):229-239.

5   Capurso C. Whole-grain intake in the Mediterranean diet and a low protein to carbohydrates ratio can help to reduce mortality from cardiovascular disease, slow down the progression of aging, and to improve lifespan: a review. Nutrients. 2021 Jul 25;13(8):2540.

6   Kyrø C, Tjønneland A, Overvad K, Olsen A, Landberg R. Higher whole-grain intake is associated with lower risk of type 2 diabetes among middle-aged men and women: the Danish diet, cancer, and health cohort. J Nutr. 2018 Sep 1;148(9):1434-1444.

7   Maki KC, Palacios OM, Koecher K, Sawicki CM, et al. The relationship between whole grain intake and body weight: results of meta-analyses of observational studies and randomized controlled trials. Nutrients. 2019 May 31;11(6):1245.

8   Wei H, Gao Z, Liang R, Li Z, et al. Whole-grain consumption and the risk of all-cause, CVD and cancer mortality: A meta-analysis of prospective cohort studies. Br J Nutr. 2016 Aug;116(3):514-525.

9   임현정 외. 《한국인 다소비 탄수화물 식품의 혈당지수와 혈당부하지수》. 농촌진흥청. 2015. http://www.rda.go.kr/download_file/act/bookcafe069.PDF.

10 대한당뇨병학회. 《Diabetic fact sheet 2022》.

11 Willcox DC, Scapagninid G, Willcox BJ. Healthy aging diets other than the Mediterranean: a focus on the Okinawan diet. 2014 Mar-Apr;136-137:148-162.

12 Frank J, Fukagawa NK, Bilia AR, Johnson EJ, et al. Terms and nomenclature used for plant-derived components in nutrition and related research:

efforts toward harmonization. Nutr Rev. 2020 Jun 1;78(6):451-458.

13   Russo GL, Spagnuolo C, Russo M, Tedesco I, et al. Mechanisms of aging and potential role of selected polyphenols in extending healthspan. Biochem Pharmacol. 2020 Mar;173:113719.

14   Luo J, Si H, Jia Z, Liu D. Dietary anti-aging polyphenols and potential mechanisms. Antioxidants (Basel). 2021 Feb 13;10(2):283.

15   Oteiza PI, Fraga CG, Mills DA, Taft DH. Flavonoids and the gastrointestinal tract: Local and systemic effects. Mol Aspects Med. 2018 Jun;61:41-49.

16   Wei C, Liu L, Liu R, Dai W, Cui W, Li D. Association between the phytochemical index and overweight/obesity: a meta-analysis. Nutrients. 2022 Mar 29;14(7):1429.

17   Jo U, Park K. Phytochemical index and hypertension in Korean adults using data from the Korea National Health and Nutrition Examination Survey in 2008-2019. Eur J Clin Nutr. 2022 Nov;76(11):1594-1599.

18   Minich DM. A review of the science of colorful, plant-based food and practical strategies for "eating the rainbow". J Nutr Metab. 2019 Jun 2;2019:2125070.

19   Rakel D. "The anti-inflammatory diet," Integrative medicine 3rd ed. Saunders. 2012. ISBN 978-1-4377-1793-8. 795-805.

20   Ricker MA, Haas WC. Anti-inflammatory diet in clinical practice: a review. Nutr Clin Pract. 2017 Jun;32(3):318-325.

21   Tremaroli V, Bäckhed F. Functional interactions between the gut microbiota and host metabolism. Nature. 2012 Sep 13;489(7415):242-249.

22   Cani PD, Delzenne NM. The gut microbiome as therapeutic target. Pharmacol Ther. 2011 May;130(2):202-212.

23   Donati Zeppa S, Agostini D, Ferrini F, Gervasi M, et al. Intervention of gut microbiota for healthy aging. Cells. 2022 Dec 22;12(1):34.

24   Askarova S, Umbayev B, Masoud AR, Kaiyrlykyzy A, et al. The links between the gut microbiome, aging, modern lifestyle and Alzheimer's Disease. Front Cell Infect Microbiol. 2020 Mar 18;10:104.

25   Toribio-Mateas M. Harnessing the power of microbiome assessment tools as part of neuroprotective nutrition and lifestyle medicine interventions. Microorganisms. 2018 Apr 25;6(2):35.

26   Askarova S, Umbayev B, Masoud AR, Kaiyrlykyzy A, et al. 앞의 글.

27　Tremaroli V, Bäckhed F. 앞의 글.

28　Toribio-Mateas M. 앞의 글.

29　Wastyk HC, Fragiadakis GK, Perelman D, Dahan D, et al. Gut-microbiota-targeted diets modulate human immune status. Cell. 2021 Aug 5;184(16):4137-4153.e14.

30　Munteanu C, Schwartz B. The relationship between nutrition and the immune system. Front Nutr. 2022 Dec 8;9:1082500.

31　Madeo F, Bauer MA, Carmona-Gutierrez D, Kroemer G. Spermidine: a physiological autophagy inducer acting as an anti-aging vitamin in humans? Autophagy. 2019 Jan;15(1):165-168.

노화 공부

초판 1쇄 발행 2023년 9월 13일
초판 2쇄 발행 2024년 2월 29일

지은이 이덕철
펴낸이 이승현

출판2 본부장 박태근
W&G 팀장 류혜정
편집 남은경
디자인 studio forb
원고 정리 신지영

펴낸곳 ㈜위즈덤하우스 **출판등록** 2000년 5월 23일 제13-1071호
주소 서울특별시 마포구 양화로 19 합정오피스빌딩 17층
전화 02) 2179-5600 **홈페이지** www.wisdomhouse.co.kr

ⓒ 이덕철, 2023

ISBN 979-11-6812-766-1 03470